废水生物处理 OUR 和 HPR 测量技术及其应用

张　欣　卢培利　张代钧　艾海男　何　强　著

科学出版社

北　京

内 容 简 介

　　本书是目前国内较全面介绍废水生物处理过程氧利用速率(OUR)和氢离子产生速率(HPR)监测技术与应用最新科研成果的专著,力求理论研究与实际应用相结合,反映该领域最新研究进展。全书共9章,第1章全面分析 OUR 呼吸测量和 HPR 滴定测量技术的发展现状;第2～5章系统介绍 OUR 和 HPR 测量系统的开发和技术评估;第6～9章分别介绍 OUR 和 HPR 测量技术在硝化过程监测、短程硝化过程控制、活性污泥聚 β 羟基烷酸酯(PHA)合成过程的模拟与 PHA 合成量的在线估计以及生物除磷过程监测中的应用。

　　本书可作为相关科研院所、工程设计单位及从事废水处理的科研、工程技术人员和管理人员的参考书,也可作为高等院校环境科学、环境工程、给排水工程、市政工程等与废水处理相关专业的研究生、本科生的参考书。

图书在版编目(CIP)数据

废水生物处理 OUR 和 HPR 测量技术及其应用/张欣等著. —北京:科学出版社,2015

　　ISBN 978-7-03-045091-3

　　Ⅰ.①废… Ⅱ.①张… Ⅲ.①废水处理-生物处理-研究 Ⅳ.①X703.1

中国版本图书馆 CIP 数据核字(2015)第 133447 号

责任编辑:张海娜　陈　婕 / 责任校对:桂伟利
责任印制:徐晓晨 / 封面设计:蓝正设计

斜 学 出 版 社 出版
北京东黄城根北街 16 号
邮政编码:100717
http://www.sciencep.com

北京中石油彩色印刷有限责任公司 印刷
科学出版社发行　各地新华书店经销
*
2015 年 9 月第 一 版　开本:720×1000 B5
2015 年 9 月第一次印刷　印张:13 1/2
字数:260 000
定价:88.00 元
(如有印装质量问题,我社负责调换)

前　　言

　　根据国家《"十二五"全国城镇污水处理及再生利用设施建设规划》,到 2015 年,城市污水处理率达到 85%(直辖市、省会城市和计划单列市城区实现污水全部收集和处理,地级市 85%,县级市 70%),县城污水处理率平均达到 70%。为应对日益严重的水体富营养化现象,控制氮磷排放是关键,脱氮除磷已成为水污染控制中的一项重要任务,新建或升级现有污水处理厂以实现脱氮除磷的深度处理,提高污水处理厂生物脱氮除磷能力和运行水平也成为工作重点之一。所以,城市污水处理厂的高效、安全运行管理和控制策略将是我国今后一段时间需要重点解决的关键科学技术问题。

　　城市污水处理厂主要采用以活性污泥工艺为主的生物处理法。对废水生物处理过程进行监测,获取过程的实时动态信息,进而对过程进行仿真优化和自动控制,能够从根本上改进工艺及其运行控制策略,促进污水处理工艺向最优化方向发展,全面提升污水处理系统的效率和经济性,达到节能降耗的目的。而过程信息的监测离不开现代化的监测技术和工具。因此,近年来仪表、控制和自动化(instrumentation,control and automation, ICA)技术在污水处理领域的重要性越来越明显。ICA 技术可为污水处理厂运行带来以下主要优势:①降低系统的运行能耗,保证系统的高效运行;②保证出水水质稳定并满足污水排放标准;③在现有污水处理厂反应器容积下充分提高系统的运行效率,无需改建或扩建污水处理厂就能增加污水厂的处理能力。

　　活性污泥法是利用活性污泥中微生物的生理代谢活动来去除废水中的污染物质,其中,含碳有机物和氨氮的去除是需要消耗氧气的微生物好氧代谢过程。氧利用速率(oxygen uptake rate,OUR)是好氧微生物单位时间、单位体积内消耗的氧气的质量,这一指标把微生物的生长和底物的消耗直接联系起来。呼吸测量是测量和解析活性污泥 OUR 的一类技术方法。在废水生物处理过程中会发生多种复杂的生物化学和化学反应,并伴随着酸度和(或)碱度的产生,即质子的产生或消耗,因此反应池的 pH 变化通常与生物反应动力学密切相关。但是,由于影响 pH 的因素众多,难以直接从 pH 变化掌握质子产生或消耗的确切信息。滴定测量是通过向反应池投加已知浓度的酸或碱溶液以使系统 pH 稳定在设定值,只要其背景过程的质子产生或消耗已知或忽略不计,所投加酸或碱溶液的总量和(或)速率就可提供关于生物反应中质子产生或消耗(hydrogen ion production rate,HPR)及反应动力学的信息。

　　OUR 和 HPR 能将废水生物处理过程的微生物生长、污染物降解、生化反应电子转移等过程联系起来,其变化将直接反映污水处理的动态过程,是非常重要的过程变量,可用于废水组分测试表征和化学计量学、动力学参数识别与校核、好氧活性污泥工艺运行状态的监测和控制等。呼吸测量法和滴定测量法是仪表、控制和自动化(instrumentation,control and automation,ICA)技术的重要组成部分,应用它们单独或联合开发的在线控制系统进行污水处理厂的过程控制,既能在技术上满足废水处理的要求,又能在经济上节省运行费用。自 20 世纪 90 年代以来,关于有机碳化学需氧量(COD)好氧降解和氨氮、亚硝态氮的氧化等好氧过程氧气利用和质子产生或消耗,反硝化过程中 COD 氧化、亚硝态氮及硝态氮还原过程的质子变化,以及生物除磷过程中氧气利用和质子产生或消耗的研究不断推进。发达国家在废水生物处理氧气利用速率和质子产生或消耗速率监测技术、仪器方面取得巨大进步,同时在废水生物处理过程的在线监测和控制中取得了大量应用成果。由于受限于测量技术和仪器,国内在呼吸测量和滴定测量技术和仪器的开发与应用方面报道较少。因此,开展该方面的研究和应用,对于研发活性污泥新技术和提升我国污水处理厂运行管理水平具有重要意义。

　　本书是对张代钧教授课题组多年来研究工作成果的梳理和总结,力求理论联系实际,反映该领域的最新研究进展。除本书作者外,王磊、高敬、蔡庆、肖芃颖、姚宗豹、曾善文、刘东、肖剑波等研究生参与了部分研究工作。全书共 9 章,第 1 章全面分析了 OUR 呼吸测量和 HPR 滴定测量技术的发展现状;第 2～5 章系统介绍了 OUR-HPR 测量系统的开发和技术评估;第 6～8 和 9 章分别介绍了 OUR-HPR 测量技术在硝化过程监测、短程硝化控制、聚 β 羟基烷酸酯(PHA)合成过程的模拟与 PHA 合成量的在线估计以及生物除磷过程监测中的应用。全书由张代钧教授和何强教授审定。与本书内容相关的研究工作得到了国家自然科学基金项目(50578166,50778183,50908241)、重庆市自然科学基金重点项目(cstc2013jjB20002)和国家水体污染控制与治理科技重大专项课题(2012ZX07307-001)的资助,在此一并致谢。

　　由于作者水平有限,书中疏漏和不妥之处在所难免,恳请有关专家和广大读者批评指正。

作　者
2015 年 3 月

目　　录

第1章 绪 论

1.1 问题的提出

当前,随着我国城市化和工业化进程的快速推进,经济社会发展与生态环境的矛盾日益突出,水环境的整体态势异常严峻和复杂:水资源短缺日益凸显、水体污染危害严重、水土流失形势严峻、水生态持续恶化。作为世界人口大国,我国所面临的水问题也已经从区域性问题发展为流域性和全局性问题。据相关统计,全国有近 50% 的河流、90% 的城市水域受到不同程度的污染。面对严峻的水体污染形势,完善现有污染预防和控制体系,并在社会经济生产和生活中及时有效地实施已经迫在眉睫。

严格控制生产和生活污水达标排放是解决我国水污染问题的主要措施。根据国家《"十二五"全国城镇污水处理及再生利用设施建设规划》,到 2015 年,污水处理率进一步提高,城市污水处理率达到 85%(直辖市、省会城市和计划单列市城区实现污水全部收集和处理,地级市 85%,县级市 70%),县城污水处理率平均达到 70%。此外,为应对日益严重的水体富营养化现象,控制氮磷排放是关键,脱氮除磷已成为水污染控制中的一项重要任务,新建或升级现有污水处理厂以实现脱氮除磷的深度处理,提高污水处理厂生物脱氮除磷能力和运行水平也成为工作重点之一。所以,城市污水处理厂的高效、安全运行管理和控制策略将是我国今后一段时间需要重点解决的关键科学技术问题。

现阶段,我国城市污水处理厂主要采用以活性污泥工艺为主的生物处理法。对废水生物处理过程进行实时监测,获取过程的有用信息,对系统进行模拟仿真研究有助于深入了解微生物代谢机理,进而从根本上改进工艺,促进污水处理工艺向最优化方向发展,全面提升废水处理的效率和经济性,达到节能降耗的目的。而过程信息的监测离不开现代化的监测技术和工具。因此,近年来仪表、控制和自动化(instrumentation,control and automation,ICA)技术在污水处理领域的重要性越来越明显。ICA 技术可为污水处理厂运行带来以下主要优势:①降低系统的运行能耗,保证系统的高效运行;②保证出水水质稳定并满足污水排放标准;③在现有污水处理厂反应器容积下充分提高系统的运行效率,无需改建或扩建污水处理厂就能增加污水处理厂的处理能力。

氧利用速率(oxygen uptake rate,OUR)和氢离子产生速率(hydrogen ion

production rate, HPR)能将废水生物处理过程的微生物生长、污染物降解、生化反应电子转移等过程联系起来,其变化过程将直接反映污水处理的动态过程,是非常重要的过程变量。呼吸测量法和滴定测量法分别是测量 OUR 和 HPR 最有效的技术方法,它们是 ICA 技术的重要组成部分。单独或联合应用它们开发的在线监控系统应用于污水处理厂的过程控制,既能在技术上满足处理的要求,又能在经济上节省运行费用[1,2]。近年来,对废水生物处理各生物化学反应中氧气利用和/或质子变化的研究不断推进,关于有机碳化学需氧量(COD)好氧降解、硝化过程中氨氮、亚硝态氮的转化过程的氧气利用和/或质子变化[3-10],反硝化过程中 COD、亚硝态氮及硝态氮等转化过程的质子变化[11-13],以及生物除磷好氧和厌氧代谢过程的氧气利用和/或质子变化的化学计量关系[14]已经取得重要进展。废水生物脱氮的硝化过程是两步生化反应,分别在氨氧化菌(ammonia oxidizing bacteria,AOB)和亚硝酸盐氧化菌(nitrite oxidizing bacteria,NOB)作用下将 NH_4^+-N 依次氧化为 NO_2^--N 和 NO_3^--N。基于硝化过程消耗氧气和产生 H^+ 两个显著特征,呼吸测量和滴定测量被单独或联合用于硝化过程动力学参数估计[4,10,15]、模型校核[9]以及过程控制等[16-20]。废水生物除磷是利用一类被称为聚磷菌(phosphorus accumulation organisms,PAOs)的微生物过量吸收磷酸盐储存为细胞内聚磷酸盐的能力,通过剩余污泥的排放达到从废水中去除磷的目的。目前,绝大多数强化生物除磷(enhanced biological phosphorus removal,EBPR)工艺都由厌氧释磷和好氧吸磷两个过程组成。PAOs 在厌氧条件下,吸收诸如挥发性脂肪酸(volatile fatty acids,VFAs)的碳源,将其在细胞内储存为碳聚合物-聚 β 羟基烷酸盐(polyhydroxyalkanoates,PHAs);这些生物转化的能源来于聚磷酸盐的分解和细胞磷酸盐释放,形成 PHAs 所需要的还原力主要来源于细胞内储存糖原的酵解。厌氧释磷阶段各种物质转化伴随着质子的产生和消耗。在好氧条件下,PAOs 能够利用其储存的 PHAs 作为能源供生物质生长、糖原更新、磷吸收和聚磷储存。好氧阶段不仅因物质转化导致质子产生和消耗,同时还存在氧气的利用。因此,呼吸测量和滴定测量在废水生物除磷过程的研究和工艺的状态监测方面也具有很好的潜力,并且已经有相关的工作报道[10,21,22]。然而,国内在废水生物处理过程的呼吸测量和滴定测量技术和仪器的开发及其应用方面的研究工作比较缺乏,除了这一技术的潜力未被充分认识外,还受限于测量技术和仪器开发方面的不足。西方发达国家在 20 世纪 90 年代末期已经开发出废水处理呼吸测量和滴定测量仪器,并在废水生物处理过程监测中取得了大量应用成果。因此,亟待加强该方面的研究,为我国污水处理厂污水处理过程在线监测、优化调控等提供先进、可靠的技术手段。

1.2　废水生物处理中的呼吸测量技术进展

呼吸测量就是测量和解析活性污泥 OUR 的一类技术方法。由于 OUR 建立了微生物的生长和底物的消耗的直接联系,以 OUR 为变量可以建立活性污泥系统中各反应底物与微生物之间的定量关系,分析主要反应过程的动态特性[23],可用于城市污水组分测试和化学计量学、动力学参数识别与校核,以及好氧活性污泥工艺运行状态的监测和控制等。从最初的瓦勃氏呼吸仪发展至今,已经有多种呼吸仪产品,一些具有较高的测试频率,适合于动态瞬变过程研究,而另一些则侧重于总生化需氧量(biochemical oxygen demand, BOD)的测量。但是,就其基本原理,可以按照被测氧气所在介质的特点划分为测量气相中的氧气浓度和测量液相中的溶解氧(dissolved oxygen, DO)浓度两个类型[24]。卢培利等对当今呼吸测量技术和仪器的发展进行了较为详细的总结[25],主要包括:

(1) 测量气相中氧气浓度(压力)的呼吸测量技术。这种通过测量气相中氧气浓度(压力)变化来间接反映活性污泥微生物耗氧状况的呼吸测量技术是比较特殊的一类。商业化的仪器如 Merit20 型呼吸测定仪和 Bioscience 公司的 BI-2000 型电解质呼吸仪,这类呼吸仪由于自身基本原理的限制使其不可能具有太高的测试频率,一般至少需要几分钟的采样间隔,因此,适用于长期的总 BOD 的测量,而不适合于动态过程研究。

(2) 测量液相中 DO 浓度的呼吸测量技术。这种技术是用 DO 电极测量液相中的 DO 浓度,通过对液相中的 DO 做物料衡算来得到 OUR,在实践中应用最多。根据气相和液相的流动状态,又可以把这类呼吸测量技术分为:

① 静态气相-静态液相呼吸测量技术,如常用的批式 OUR 测定仪[26-32]。不存在外界的氧气传递使这种呼吸仪的原理简单,但存在可能由于反应器内 DO 浓度过低而限制微生物活性的问题。因此,这种呼吸设备常用于高基质浓度、低微生物浓度(高 $S(0)/X(0)$)的情况。定期重新曝气[33]、通过纯氧或加压来使污泥样品过饱和以获得更高的初始 DO 浓度[34]以及对混合液更新[35]可以在一定程度上解决 DO 受限的问题。但由于需要经历预曝气-测量这样一个周期,OUR 的测试频率较低,不适用于活性污泥动力学研究[36]。

② 流动气相-静态液相呼吸测量技术。由于避免了氧气的限制,该技术可以用于更高微生物浓度的情况[37],并缩短试验时间,如比利时 Gent 大学 Microbial Ecology 实验室开发的 RODTOX(rapid oxygen demand and tOXicity tester)呼吸测量仪[38]。

③ 静态气相-流动液相呼吸测量技术[39],如荷兰 Wageningen 农业大学环境技术系开发的 RA-1000 呼吸测量仪[40]。

④ 混合型呼吸仪[36],综合了静态气相-流动液相和流动气相-静态液相两种呼吸测量原理,具有两种呼吸仪的优点而相互弥补了对方的不足:整个系统可以视为动态气相-静态液相呼吸仪,适用于较高微生物浓度而不存在 DO 限制的危险,两个电极的使用,使其测试频率更高;呼吸室相当于静态气相-动态液相呼吸仪。

1.3　废水生物处理中的滴定测量技术进展

1.3.1　滴定测量技术原理

废水生物处理是一个动态过程,有着多种复杂的物理和生物化学反应,伴随着酸度和/或碱度的产生,其中许多因素都会引发体系内 pH 的变化[41-48]。废水生物处理系统中的 pH 变化通常与生物反应动力学密切相关。这种关系早已被人们认识,并将测量 pH 作为废水生物处理系统运行状态监测和控制的重要手段[42]。但是,废水生物反应过程中的 pH 变化很难换算成产生或消耗的质子的确切数值。寻找一种能准确测量或量化生物过程中质子产生或消耗情况的在线监测方法对深入理解废水生物处理过程机理、模拟过程动力学、进行参数估计及优化工艺运行等有着重要意义。滴定测量被证明是解决该问题的有效方法,它通过向系统中滴定已知浓度的酸或碱溶液以使系统 pH 稳定在设定值,只要其他过程所导致的质子产生或消耗速率的背景值可以忽略,或者借助其他途径可以确定,所投加酸或碱溶液的总量和投加速率可提供关于废水生物处理系统中生物反应过程质子产生(hydrogen ion production,HP)或消耗(速率)及生物反应动力学的信息。如果预先设定一个 pH(pH$_{setpoint}$ ± ΔpH)范围,当 pH 不在设定范围内时,便投加酸或碱溶液,使 pH 恢复至设定范围,同时记录投加的酸或碱溶液的量,便得到酸或碱溶液累计投加量随时间的变化曲线图,即滴定曲线图,见图 1.1。当系统 pH 固定,可避免缓冲强度随系统 pH 变化的问题[49,50],当 pH 变化时,活性污泥混合液的缓冲能力也在变化,因为混合液中存在许多酸或碱的缓冲系统,它们具有依赖于系统 pH 的缓冲强度。滴定曲线图是滴定测量技术应用的基础,依据中和反应方程、生物过程化学计量学方程、投加的酸或碱溶液的量、滴定曲线的变化规律以及由滴定曲线派生的其他曲线(如缓冲能力曲线)等,可计算出反应中酸度或碱度的消耗量、底物初始浓度、硝化速率等。

通常用两种方法解析滴定曲线:第一种是用传统的终点滴定法来确定,即斜率和截距法(下文详述);第二种是应用更加先进的数据解析技术,可依据滴定曲线上有限数据特征点的简单计算,也可依据对完整滴定曲线或对应缓冲能力曲线的模拟。事实上,不是每次滴定都能产生像图 1.1 那样清晰的曲线,因为污水中存在的多种缓冲体系会对滴定曲线产生影响,会使滴定数据的解析更加复杂。例如,Pratt 等通过试验定量研究了 CO_2 传质对滴定测量数据的影响[51]。

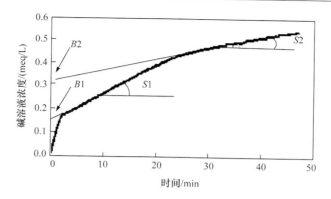

图 1.1 典型的硝化过程滴定曲线图[51]

1.3.2 滴定测量技术的应用

滴定测量被引入废水处理领域最初是用于硝化过程监测[32,52,53]，后来被应用于有机物厌氧降解、反硝化、有机物好氧氧化、甚至 EBPR 等过程监测[14,17,19,49,50,54-57]。滴定测量已经被证明是一种用于监测活性污泥微生物活性的有效工具，特别是 pH 定点滴定允许获取生物过程的两种重要信息：进水的可生物处理性和生物处理能力[13]。滴定测量和呼吸测量通常被联合应用，众多的研究成果已经证明了这些在线测量工具在废水生物处理领域有着不可估量的应用价值。

1. 废水组分测试

基于滴定曲线表征废水组分的最简单的方法是斜率截距法。如图 1.1 所示的废水硝化过程典型滴定曲线，根据曲线中两阶段的斜率和截距利用方程(1.1)和方程(1.2)可计算硝化过程初始 NH_4^+-N 浓度 $S_{NH,O}$ 和最大硝化速率 r[49]。

$$S_{NH,O} = \frac{B2 - B1}{0.143} \tag{1.1}$$

$$r = \frac{S1 - S2}{0.143} \times 60 \tag{1.2}$$

式中，$S1$ 是废水硝化过程和其他因素联合造成的总的滴定曲线斜率，mmol/(L·min)；$S2$ 是除硝化过程之外的其他因素造成的滴定曲线斜率，mmol/(L·min)；$B1$、$B2$ 分别是 $S1$、$S2$ 曲线在 Y 轴上的截距，mmol/L；($B2-B1$) 是由硝化过程造成的滴定剂累计消耗量，mmolH$^+$/L；0.143 是化学计量转换因子，mmolH$^+$/mgN。

Gernaey 等对某污水处理厂的生物脱氮工艺的硝化过程进行了在线滴定测量，并分别用上述简易方法和一种基于模型的非线性参数估计方法对滴定测量数据进行了解析[49]。结果显示，通过这两种解析方法得到的废水中 NH_4^+-N 浓度数值具有很好的一致性,并且都与在线 NH_4^+-N 分析仪测得的结果吻合。由此可见,滴定测量方法可以用于废水中 NH_4^+-N 浓度的在线测量,而且具有物理化学分析方法不具有的独特优势,如无需对废水样品进行预处理、无需使用那些昂贵且会产生污染的化学试剂,以及能够提供有关硝化动力学的信息、有利于过程控制等。但是,这种基于滴定测量的方法只能测量到废水中发生了硝化反应的那部分 NH_4^+-N,无法测量到用于细胞合成的 NH_4^+-N。为了更准确地确定废水中总的 NH_4^+-N 浓度,Yuan 等在滴定测量的基础上,综合应用呼吸测量结果(OUR 曲线),依据多个静态方程实现了废水中总的 NH_4^+-N 浓度的估计,且不需要任何动力学假设[17]。这种呼吸测量和滴定测量联用的优势是通过外源 OUR 曲线和滴定曲线能够估计废水中短期 BOD(stBOD)的量,据此能够计算出活性污泥微生物细胞合成量,进而测算出用于细胞合成的氨氮的量。此外,这两种方法联合使用还能够克服呼吸测量法依赖于有大量参数需要识别的数学模型和滴定测量法不能直接用于测量废水中可硝化的氮且易受废水中快速可生物降解 COD(rbCOD)影响的问题。但是,废水中的缓慢水解的有机物(stCOD)组分的存在仍然会影响滴定曲线,进而降低滴定测量的精度、甚至导致测量数据不可靠。尽管通过增加反应器中氨氮初始浓度或者对水样预先过滤可以克服上述问题,但很显然,这些改进方法只适用于实验室测量。斜率截距法的另一个难点在于如何对获得的滴定测量曲线的滴定终点作出准确判断,尤其是对于真实废水,其硝化过程滴定终点的判断要受到许多因素的干扰。Yuan 等曾经调查了易生物降解有机物的氧化、有机氮氨化、慢速可生物降解有机物水解(包括快速水解和慢速水解)对硝化过程滴定测量结果的影响,证实这些复杂的因素会导致滴定测量精度的降低、滴定终点的判断失误或者根本无法识别等[17]。另外,在滴定测量方法的应用中通常假设背景 HPR 在整个测试过程中保持恒定,即 S2 保持不变[6,58]。尽管这种假设简化了滴定测量结果的解析,但也因此降低了分析结果的准确性。

　　缓冲能力曲线作为滴定测量曲线的延伸变量[59],也被用于监测污水处理厂出水水质等。van Hulle 等通过对这种滴定曲线的解析来测算 Sharon-Anammox 工艺中总氨氮(total ammonium,TAN)和总亚硝态氮(total nitrite,TNO_2)的浓度,并且分析了这种方法的优势[56]。但是,在污水处理厂的活性污泥混合体系中存在多种缓冲体系会对测量结果造成影响。因此,这种方法的精确性还有待进一步考察。

　　污水处理系统废水组分浓度的在线测量能够提供及时的信息,但对于许多组分目前尚难以实现。因此,单独或者联合应用滴定测量和呼吸测量对废水组分浓度进行在线测量更加值得关注。Gapes 等应用 TOGA(titration and off-gas analysis sensor)传感器实现了硝化过程三个重要的过程速率,即氨氮氧化速率 r_{NH_4}、亚硝酸盐氧化速率 r_{NO_2} 和硝酸盐生成速率 r_{NO_3} 的在线估计[16],获得了与离线液相分析测试数据高度吻合的结果，r_{NH_4}、r_{NO_2}、r_{NO_3} 的相关系数分别达到了 0.996、0.989 和 0.925。对 r_{NH_4}、r_{NO_2}、r_{NO_3} 曲线分别进行积分或进行其他方法的数据处理可分别得到氨氮、亚硝态氮和硝态氮浓度变化曲线，也即实现了硝化过程三种氮组分浓度的在线估计。

在废水生物处理系统反硝化过程运行状态的监测中应用滴定测量技术要比在硝化过程监测中应用该技术复杂得多，其中难点之一在于不能事先确定反应过程究竟会是产生质子还是消耗质子[60]，因为这要取决于发生反硝化的活性污泥混合液的实际 pH 及其中碳源的种类。尽管如此，还是有不少学者研究开发出基于滴定测量的废水反硝化过程亚硝酸盐和硝酸盐浓度的测量方法。Ficara 等开发的用于测量废水反硝化过程硝酸盐浓度表征的滴定测量程序包括校核（用硝酸盐或亚硝酸盐校核）和测量两步[13]：校核步骤用于确定氮的降解量与氢离子产生量之间的计量关系（N/H），假设污泥和底物不变的条件下，该计量关系在两个滴定步骤中保持不变。那么，反硝化体系中的初始硝酸盐（或亚硝酸盐）浓度可通过 N/H 乘以滴定测量步骤滴定剂（以氢离子计）的投加量进行计算。虽然这种测量方法能简便、快速地对废水反硝化过程中氧化态氮浓度进行估计，但与真正的"在线估计"还有一定距离。Vargas 等提出了一种应用滴定测量在线估计废水反硝化除磷过程缺氧阶段的硝酸盐/亚硝酸盐浓度的方法[22]。NO_3^- 和 NO_2^- 都可作为反硝化除磷缺氧阶段的电子受体。其转化也是废水反硝化除磷缺氧过程氢离子产生量（HP）变化的主要诱因[21]。因此，废水反硝化生物除磷过程硝酸盐利用速率（NO_3UR）或亚硝酸盐利用速率（NO_2UR）可通过滴定测量数据进行测算。选取某一时间段内硝态氮的离线测量数据进行线性回归，得到 NO_3UR；再对该时间段内的滴定测量数据 HP 进行线性回归，得到 HPR；进而得到 NO_3UR/HPR 值，它表示向系统中滴定 1mol 的 H^+ 指示的硝态氮浓度降低量。当试验条件相同，如 pH、温度及氮气通入速率都保持相同时，可假设 NO_3UR/HPR 是常数。那么，对于硝态氮初始浓度已知的废水反硝化除磷体系，每个时刻的硝态氮浓度可通过线性方程进行在线实时估计。同样的方法可在线估计亚硝态氮的实时浓度。在线估计值与离线测量值高度吻合，并且多次试验验证结果表明具有很好的重现性。这种在线估计方法的优势在于可以据此对 SBR 反应器实施控制，如缺氧阶段反应时间长度的在线调整（当硝酸盐耗完时便结束该阶段）以及通过控制硝酸盐投加量在线控制系统中硝态氮浓度。然而，这种方法仅适用由单一过程引发质子产生或消耗的体系的滴定测量，对两个或多个过程（如 NO_3^- 和 NO_2^- 同时存在）同时引发质子产生或消耗的体系，尽管能够进行滴定测量，但在滴定测量曲线的数学解析上存在难度。由于实际的废水生物处理系统都是多过程共存的，只有开发更先进的数据解析技术，才能够实现滴定测量技术更广泛地应用于实际废水生物处理系统的组分表征。

2. 模型参数估计

目前,呼吸测量技术和滴定测量技术已单独或者共同广泛用于废水生物处理系统好氧碳氧化、硝化、反硝化等过程的动力学模型参数估计和校核。通常是将测量变量(如 OUR、HPR 等)或其衍生变量与废水生物处理过程模型的化学计量学、动力学参数相关联,通过数学方法进行解析,实现废水生物处理模型的参数估计和校核。例如,依据硝化反应的化学计量学公式以及微生物生长的 Monod 方程,可以建立质子变化速率和氨氮变化速率之间的数学模型。Gernaey 等采用该法、应用一套非线性参数估计算法对滴定测量数据进行拟合,得到了活性污泥微生物 Nitrosomonas 菌主导的硝化过程的动力学参数估计值[50]。Artiga 等基于滴定测量技术量化了不同种类的硝化污泥的动力学参数[61]。

在实际应用中,往往是把试验设计、模型建立及数学算法等综合考虑来达到研究目的的,而不会仅仅依靠对类似上述方程的解析。为避免反硝化过程中呼吸作用产物 CO_2 的干扰,Foxon 等在滴定测量方法分析反硝化活性时,采用一套模拟软件(AQUASIM)进行数学分析,并应用一个循环算法从滴定测量数据中推算出硝酸盐利用速率(nitrate uptake rate,NUR)[62]。Pratt 等应用 TOGA 传感器模拟好氧碳氧化和贮存机制[8],建立了包括生长和贮存过程的代谢模型,依据 TOGA 传感器测得的 OUR、HPR、二氧化碳传输速率(carbon dioxide transmission rate,CTR)信号对模型进行参数估计,分别得到了生长和贮存两个过程的生长系数及底物半饱和系数等参数。研究贮存机制的文献较少,通常的批式呼吸测量实验都不会明确考虑碳贮存,因为只靠 OUR 并不能得到区分生长和贮存过程的足够信息。Ciudad 等应用呼吸测量和滴定测量技术,依据 NOB 比 AOB 对低氧浓度更加敏感的特性进行试验条件控制,分别估计了 AOB 和 NOB 对氧气利用和底物消耗的动力学参数,无需使用如 ATU 和 NaCl 等可能会对微生物有毒害作用的抑制剂[18]。

3. 过程控制

研究一种在线监测和控制系统实现污水处理的过程控制,既能在技术上满足污水处理厂处理的要求,又能在经济上节省运行费用。废水生物处理过程与 DO、氧化还原电位(oxidation reduction potential,ORP)、pH 等密切相关。DO 浓度、ORP、pH 的变化过程间接反映了污水处理过程动态。在生物脱氮工艺中,DO 浓度、ORP、pH 的变化及控制已进行了很多研究[43,44],并且被证明能够实现 SBR 脱氮等工艺的控制。高景峰等详细研究了 SBR 法在去除有机物和硝化、反硝化过程中 DO 浓度、ORP、pH 的变化规律,结果表明 DO 浓度、ORP 、pH 可以作为 SBR 法去除有机物、硝化、反硝化的过程控制参数[63]。马勇等基于 DO 浓度、pH 和 ORP 测量信息建立了 SBR 硝化反硝化在线控制系统,并用实际运行表明基于该系统可实现 SBR 前置反硝化工艺的高效低耗运行[64]，同时应用 DO、pH 传感器在线控制实现了优化污泥种群、强化 A/O 工艺短程硝化的目的。彭峰等研究了 A/O 工艺硝化过程中曝气量控制同 pH 和 DO 的关系[65]，证明应用平均 DO 浓度和 pH 曲线上是否出现拐点来判断反应系统的曝气是否过量、适量或不足是可行的。另外，继 Guisasola 等把呼吸测量用于强化生物除磷（EBPR）过程并证明 OUR 测量值同 EBPR 好氧阶段间存在关系[66]之后，滴定测量技术最近也被用于 EBPR 过程监测[57]。李军等建立了一套能应用于城市污水处理现场的脱氮除磷 SBR 及其控制系统[67]，包括 DO、ORP、pH、温度、液位等在线检测仪及控制硬件和软件，初步探索了 SBR 脱氮除磷工艺处理过程中各参数的变化规律及控制方法，证明 DO 浓度、ORP 和 pH 变化的一些特征点可以用来判断和控制 SBR 中污水脱氮除磷过程的各个步骤。例如，厌氧阶段 ORP 和 pH 的转折点对应磷的释放；一次好氧阶段，DO、ORP 的氨肘和 pH 的氨谷对应硝化结束；缺氧阶段，ORP 的硝酸盐膝和 pH 的硝酸盐峰对应反硝化结束；二次好氧阶段，DO、ORP 碳肘对应剩余碳的氧化结束，pH 的转折点对应聚磷结束。控制系统能进行全自动运行来完成污水的脱氮除磷。Marcelino 等用 HPR 和 OUR 测量监测 EBPR 循环[21]，通过试验进行在线测量和离线测量的对比，发现两者之间存在明显联系，证明可用滴定和呼吸测量在线监测 EBPR 过程。从模拟角度讲，在线监测 EBPR 过程也是有显著优势的，这些测量能提高或增强测量数据的质量和数量。

但直到目前国内外真正把呼吸测量和滴定测量用于废水生物处理过程控制的报道还非常少，国内尤其缺乏，该方面的研究工作尚有非常大的发展空间。

4. 毒性评价

呼吸测量技术已被证明是一种可用于废水生物处理系统毒性评价的快速、经济、实效的在线方法。和呼吸测量法一样，滴定测量法也可用于废水生物处理过程毒物的在线评估。这两种在线测量方法用于毒性评价的原理都是依据无毒物及不同毒物水平下的微生物活性的比较。不同于呼吸测量通常以最大 OUR 来表征活性污泥微生物活性，滴定测量常以滴定曲线斜率来表征生物活性。但滴定测量目前在该领域的应用还只局限在硝化、反硝化等过程中。Artiga 等[19]应用 Ficara 和 Rozzi[68]开发的生物滴定传感器——氨硝化分析仪（ANITA）评估了制革废水中有毒化合物 NaCl、Cr^{3+} 等对生物膜系统中硝化细菌的毒性。试验结果显示试验方法重现性非常好，平均标准差低于 10%。Ficara 等应用 pH 滴定技术评价了硝化抑制[68]，认为当异养菌和自养菌混合物作为测试微生物时（如硝化活性污泥），pH 定点滴定提供了其他测试技术不具有的优势：①它不像离子选择电极那样易受污浊问题或化学干扰的影响；②不像分光光度测量法那样需要相当复杂和昂贵的预处理；③与 OUR 测试不同的是，滴定测量是特别针对氨氧化菌的测量技术；试验结果还证明该方法进行毒性测试易于操作、不需化学分析、经济、时效,且重现性高。

1.3.3　滴定测量仪器

为评估废水处理系统的微生物活性已经开发出各种滴定测量仪,这些技术为发展新的生物传感器提供了基础[19]。已开发的基于滴定测量技术的传感器(滴定测量仪)很多,一般都要包括一个生物反应器和置于反应器中的传感器(如 pH 电极、DO 电极以及 ORP 电极等)、装有酸或碱试剂的容器以及起到控制作用的计算机软硬件。

1. 滴定单元(titration unit)

滴定单元(也即 ammonium nitrification analyser,ANITA)是最早用于废水处理硝化过程监测的滴定测量仪[32,49,50,52,53,58],如图 1.2 所示,由软件和硬件两部分组成,基本实现仪器自动控制。电磁阀发挥着关键作用,直接决定着该滴定仪的精度和自动化能力。滴定单元采用的电磁阀为脉冲电磁阀,它直接和标准溶液试样瓶相连,由计算机控制,每打开一次(维持 1.5s),即投加一个脉冲,重复该动作,直到反应器内 pH 恢复到设定值。每隔 10s,计算机自动保存反应器内的真实 pH 及电磁阀投加滴定剂的总的脉冲数量。值得注意的是,每个脉冲的流量要定期校核,Gernaey 等在使用时每天校核两次[50],方法是测量 50 个连续脉冲的体积。不少研究成果证明了滴定单元的实用性和准确性,继用于在线估计活性污泥中 Nitrosomonas 的动力学参数后,Gernaey 等又应用该滴定设备在线监测了活性污泥硝化过程[49],认为滴定测量法是在线测量混合液中氨氮浓度的一种可靠方法。Rozzi 等应用 ANITA 研究了自养菌 AOB 对制革和纺织工业废水的降解速率[69],并与呼吸测量法测得的硝化活性进行了比较。Ficara 等也应用 ANITA 评估硝化抑制,得到的 ATU、苯胺等毒物的 EC_{50} 同文献报道的结果非常接近[68]。Aritiga 等用 ANITA 评估了制革废水中三种有毒化合物白雀树萃(quebracho extract),NaCl 和 Cr^{3+} 对生物膜系统中硝化细菌的毒性[19],试验重现性好,平均标准差低于 10%。

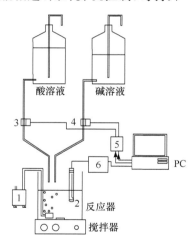

图 1.2　滴定单元示意图[32]
1. 曝气泵;2. pH 电极;3,4. 24V DC
电磁阀;5. 24V DC supply;
6. 4~20mA 变送器

另外,如果在滴定单元中安装其他传感器,可以扩增滴定单元的功能。在滴定单元中安装 DO 电极(大部分通过曝气控制 DO,也有通过 H_2O_2 进行精确控制[61,70]，可实现同时在线测量好氧过程的 pH 和 DO。Yuan 等用这种滴定呼吸测量仪在不需要任何动力学假设的条件下依据化学计量学方程完成了废水中可硝化氮的浓度的测量[17]。Ciudad 等应用一个类似的呼吸-滴定反应器分别估计出 AOB 和 NOB 的动力学参数[18]，研究结果证明呼吸测量和滴定测量联合法是确定氨氧化和亚硝酸盐氧化动力学参数的快速且重现性好的方法。为进行缺氧活性污泥反硝化过程 NO_3^- 监测，Petersen 等在滴定单元中添加了一个离子选择电极以在线测量 NO_3^- 浓度[11]，控制系统在 LabVIEW 软件上实施。

上述滴定单元主要被用于硝化过程研究，Bogaert 等基于反硝化过程的 pH 变化开发出传感器 DECADOS(denitrification carbon dosage system)[60]，如图 1.3 所示，在滴定单元的基础上增加了碳源试剂瓶及氮源试剂瓶，不同的是这两种底物由泵投加而不是电磁阀。DECADOS 传感器可以提供有关反硝化的如下信息：①系统中的硝酸根浓度；②在所投加的碳源组成和浓度未知的情况下，可以提供用于完全反硝化的碳源的体积；③可以得到系统的反硝化能力(单位时间单位混合液中反硝化的硝酸根量)。此传感器不需要任何样品的预处理和间接测量，节省费用，可靠性好，精度高，实验室试验和现场试验都证明了这些特点，已被成功安装到污水处理厂以自动控制外部碳源投加量。

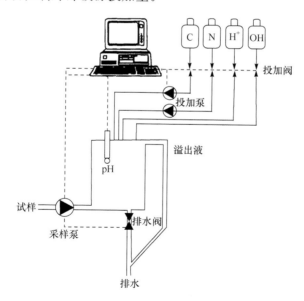

图 1.3 DECADOS 示意图[60]

2. TOGA 传感器

滴定单元这一滴定测量仪器的一个基本假设是在测试过程中 CO_2 的吹脱速率

保持不变,并且可以通过测量背景质子产生速率(background proton production rate,BPPR)来定量[6,58]。然而,对于异养菌外源活性显著或气体传输显著发生的系统,该假设很难成立。CO_2 的大量产生会促进其溶解,增加溶解性 CO_2 和 HCO_3^- 浓度,增大 CO_2 的气/液相传质压力,造成较高的 CO_2 传输速率,特别是当 CO_2-HCO_3^- 平衡系统的 pKa 比系统 pH 高或者相近时[71]。即使呼吸测量同滴定测量联合应用,也并不能解决该问题。在没有测量 CO_2 产生速率(carbon dioxide transfer rate,CTR)的情况下,CO_2 吹脱对 HPR 的影响难以精确计算,除非在特殊情况下,如 pH 大于 8[72]。

　　为了解决该问题,Pratt 等开发了一种被称为 TOGA 传感器(titration and off-gas analysis sensor)的滴定测量仪器用于研究废水处理系统的生物过程[71]。该传感器的主要创新之处在于它融合了滴定测量技术和排气测量(off-gas)技术,其最大优势在于对碳酸氢盐缓冲系统的充分考虑。TOGA 传感器结构要比滴定单元复杂很多,如图 1.4 所示,它包括一个生物反应器、一个 pH 控制仪、一个 off-gas 测量装置和计算机软件系统。其中 off-gas 测量技术依赖于一个四级质谱分析仪,质谱分析仪同多个物质流控制仪相连,它测量的信号除了有质子产生速率和氧传输速率(oxygen transfer rate,OTR)之外,还有氮气传输速率(nitrogen transfer rate,NTR)和 CO_2 传输速率。虽然 OUR 和 OTR 并没有直接关系,但在稳态条件下,DO 保持恒定,OUR 约等于 OTR。同样道理,与反硝化速率密切相关的 NTR,在稳态条件下,当 N_2 的气/液传质达到稳态时,NTR 等于 NPR。CO_2 的气/液传质要复杂得多,因生物过程产生的 CPR 是 CTR 和 HPR 信号的函数。HPR 信号由 pH 控制系统获得。用 C++语言编写的软件系统负责运行该传感器,另一个传感器用于记录 off-gas 信号强度。

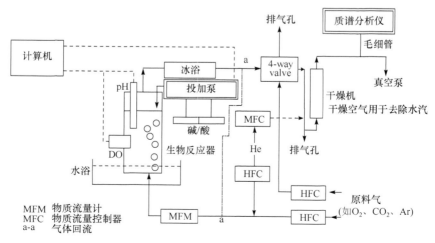

图 1.4　TOGA 传感器示意图[71]

自 TOGA 传感器被开发出之后,学者们从不同方面对其进行了验证、评估和应用,证明了它用于废水生物处理过程的先进性和准确性。在废水生物脱氮的硝化和反硝化过程的评估和应用中使用 TOGA 传感器最多。在硝化过程中,继 Pratt 通过用氨氮去除率对 TOGA 传感器进行评估后[71],Gapes 评估了 TOGA 在线测量硝化过程的实用性[16],方法是确定硝化过程三个重要的过程速率 r_{NH_4}、r_{NO_2}、r_{NO_3},并同离线液相采样分析结果进行比较,统计显示两种方法所得结果一致性非常好。紧接着,TOGA 传感器被用于混合微生物中的 *Nitrosomonas sp.* 主导的生化过程化学计量系数和动力学参数的表征,确定了其维持能消耗速率 m、细胞溶解速率 b 和细菌最大比生长速率 μ_{max},并且首次报道了 *Nitrosonomas* 的原位细胞溶解速率[73]。Vadivelu 等利用 TOGA 传感器研究了游离氨对富集 *Nitrobacter* 生物生长过程和呼吸过程的影响[74]。游离氨对 *Nitrobacter* 的生长和维持过程的抑制水平试验结果同前人的研究成果一致。在反硝化方面,Pratt 对缺氧反硝化过程进行了监测[71],得到的 NTR 同化学分析法得到的结果非常一致。Mcmurray 等在 TOGA 传感器的基础上又添加了测量 NO_x 和 N_2O 的传感器,从而保证了更精确的反硝化动力学估计[12]。在好氧碳氧化方面,Pratt 等研究发现用 TOGA 测得的碳去除速率和离线化学分析得到的结果可比性很强[71],并且认为在寻找碳氧化的化学计量学和代谢途径中 TOGA 是一种非常有用的工具,可用于证明或推翻提出的模型。Pratt 利用 TOGA 传感器模拟好氧碳氧化和贮存机制[8],建立了包括生长和贮存过程的代谢模型,依据 TOGA 传感器测得的 OUR、HPR、CTR 信号对模型参数进行了估计,为微生物贮存过程的模型研究提供了宝贵的经验。在厌氧环境下的应用和评估主要集中在 EBPR 厌氧阶段和厌氧消化过程。Yuan 等对厌氧环境下 EBPR 的过程监测证明 TOGA 在研究 EBPR 系统的两类微生物代谢机制及它们的竞争关系中能发挥重要作用[57]。Wang 等从精度、对短时间内动态过程研究的适应性和生物转移到 TOGA 的反应器后因测试条件与原来不同是否会对结果造成影响等三个方面评估了 TOGA 传感器在厌氧消化研究中的应用[75]。

虽然在好氧、缺氧、厌氧条件下来自 TOGA 传感器的试验数据显示了该传感器的强大功能,但是它仍有不足之处:首先它需要使用昂贵设备(质谱分析仪)和特殊气体(氩气)来运行,这使得其投资和运行成本都非常高,因而传感器更适合作为实验室研究工具而不适合开发为现场在线传感器;其次,测量信号的质量有待进一步提高,如用 CTR 和 DO 计算得到的 OUR 比用其他呼吸仪测到的 OUR 干扰多且 HPR 测量信号有噪声等。

参 考 文 献

[1] Bryan E H. Research needs for developing innovative water and wastewater treatment tech-

nologies [J]. Water Science and Technology,2000,42(12):61-64.

[2] Charpentier J,Florentz M,David G. Oxidation reductive potential (ORP) regulation:a way to optimize pollution removal and energy saving in t he low load activated sludge process [J]. Water Science and Technology,1987,19 (3/ 4):645-655.

[3] Chandran K,Smets B F. Estimating biomass yield coefficients for autotrophic ammonia and nitrite oxidation from batch resprograms [J]. Water Research,2001,35:3153-3156.

[4] Carvallo L,Carrera J,Chamy R. Nitrifying activity monitoring and kinetic parameters determination in a biofilm airlift reactor by respirometry [J]. Biotechnology Letters,2002,24: 2063-2066.

[5] 张欣,张代钧,卢培利,等. 应用呼吸-滴定测量监测硝化动态过程 [J]. 中国环境科学, 2010,30(10):1130-1134.

[6] Gernaey K,Petersen B,Nopens I,et al. Modelling aerobic carbon source degradation processes using titrimetric data and combined respirometric-titrimetric data:Experimental data and model structure [J]. Biotechnology Bioengineering,2002,79(7):741-753.

[7] Gernaey K,van Loosdrecht M C M,Henze M,et al. Activated sludge wastewater treatment plant modelling and simulation:State of the art [J]. Environmental Modelling and Software, 2004,19:763-783.

[8] Pratt S,Yuan Z G,Keller J. Modeling aerobic carbon oxidation and storage by integrating respirometric,titrimetric,and off-gas CO_2 measurements[J]. Biotechnology Bioengineering, 2004,88(2),135-147.

[9] Jubany I,Baeza J A,Carrera J,et al. Respirometric calibration and validation of a biological nitrite oxidation model including biomass growth and substrate inhibition [J]. Water Research,2005,39:4574-4584.

[10] Guisasola A,Jubany I,Baeza J A,et al. Respirometric estimation of the oxygen affinity constants for biological ammonium and nitrite oxidation [J]. Journal of Chemical Technology and Biotechnology,2005,80:388-396.

[11] Petersen B,Gernaey K,Vanrolleghem P A. Anoxic activated sludge monitoring with combined nitrate and titrimetric measurement [J]. Water Science and Technology,2002,45(4-5):181-190.

[12] Mcmurray S H,Meyer R L,Zeng R J,et al. Integration of titrimetric measurement,off-gas analysis and NO_X-biosensors to investigate the complexity of denitrification processes [J]. Water Science and Technology,2004,50(11):135-141.

[13] Ficara E,Canziani R. Monitoring denitrification by pH-Stat Titration [J]. Biotechnology Bioengineering,2007,98(2):368-377.

[14] Guisasola A,Vargas M,Marcelino M,et al. On-line monitoring of the enhanced biological phosphorus removal processes using respirometry and titrimetry [J]. Biochemical Engineering Journal,2007,35(3),371-379.

[15] Zhang X,Zhang D J,Lu P L,et al. Monitoring the nitrification process and identifying the

endpoint of ammonium oxidation by using a novel system of titrimetry[J]. Water Science and Technology. 2011,64(11):2246-2252.

[16] Gapes D,Ptatt S,Yuan Z,et al. Online titrimetric and off-gas analysis for examining nitrification processed in wastewater treatment [J]. Water Research,2003,37:2678-2690.

[17] Yuan Z, Bogaert H. A titrimetric respirometer measuring the nitrifiable nitrogen in wastewater using in-sensor-experiment [J]. Water Research,2001,35(1):180-188.

[18] Ciudad G,Werner A,Bornhardt C,et al. Differential kinetics of ammonia-and nitrite-oxidizing bacteria:A simple kinetic study based on oxygen affinity and proton release during nitrification [J]. Process Biochemistry,2006,41:1764-1772.

[19] Artiga P,Oyanedel V,Garrido J M,et al. A novel titrimetric method monitoring toxicity on nitrifying biofilms [J]. Water Science and Technology,2003,47(5):205-209.

[20] Fiocchi N,Ficara E,Bonelli S,et al. Automatic set-point titration for monitoring nitrification in SBRs [J]. Water Science and Technology,2008,58(2):331-336.

[21] Marcelino M,Guisasola A,Baeza J A . Experimental assessment and modelling of the proton production linked to phosphorus release and uptake in EBPR systems [J]. Water Research, 2009,43:2431-2440.

[22] Vargas M,Guisasola A,Lafuente J,et al. On-line titrimetric monitoring of anaerobic-anoxic EBPR processes [J]. Water Science and Technology,2008,57(8):1149-1154.

[23] 施汉昌,张杰远,张伟,等 . 快速生物活性测定仪的发展[J]. 环境污染治理技术与设备, 2002,2(3):87-95.

[24] Petersen B. Calibration,Identifiability and Optimal Experimental Design of Activated Sludge Models [D]. Belgium:University Gent,2000.

[25] 卢培利,艾海男,张代钧,等 . 废水 COD 组分表征方法体系构建与应用[M]. 北京:科学出版社,2012.

[26] Kristensen H G,Jorgensen P E, Henze M. Characterisation of functional microorganism groups and substrate in activated sludge and wastewater by AUR,NUR and OUR [J]. Water Science and Technology,1992,25(6):43-57.

[27] Kroiss H,Schweighofer P,Frey W,et al. Nitrification inhibition - A source identification method for combined municipal and/or industrial wastewater treatment plants [J]. Water Science and Technology,1992,26(5-6):1135-1146.

[28] Drtil M,Nemeth P,Bodik I. Kinetic constants of nitrification [J]. Water Research,1993,27: 35-39.

[29] Cokgor E U,Sozen S,Orhon D,et al. Respirometric analysis ff activated sludge behaviour-I. Assessment of the readily biodegradable substrate [J]. Water Science and Technology, 1998,32(2):461-475.

[30] Randall E W,Wilkinson A,Ekama G A. An instrument for the direct determination of oxygen uptake rate [J]. Water SA,1991,17:11-18.

[31] Wentzel M C,Mbewe A,Ekama G A. Batch test for measurement of readily biodegradable

COD and active organism concentrations in municipal wastewaters [J]. Water SA,1995,21: 117-124.

[32] Gernaey K,Verschuere L,Luyten L,et al. Fast and sensitive acute toxicity detection with an enrichment nitrifying culture [J]. Water Environment Research,1997,69:1163-1169.

[33] Watts J B,Garber W F. On-line respirometry:A powerful tool for activated sludge plant operation and design [J]. Water Science and Technology,1993,28(11-12):389-399.

[34] Ellis T G,Barbeau D S,Smets B F,et al. Respirometric techniques for determination of extant kinetic parameters describing biodegradation [J]. Water Environment Research,1996, 38:917-926.

[35] Dircks K,Pind P F,Mosbak H,et al. Yield determination by respirometry - the possible influence of storage under aerobic conditions in activated sludge [J]. Water SA,1999,25: 69-74.

[36] Vanrolleghem P A,Spanjers H. A hybrid respirometric method for more reliable assessment of activated sludge model parameter [J]. Water Science and Technology,1998,37(12):237- 246.

[37] Vanrolleghem P A,Kong Z,Rombouts G,et al. An on-line respirographic sensor for the characterization of load and toxicity of wastewaters [J]. Journal of Chemical Technology and Biotechnology,1994,59:321-333.

[38] Kong Z,Vanrolleghem P A,Verstraete W. Automated respiration inhibition kinetics analysis (ARIKA) with a respirographic biosensor [J]. Water Science and Technology,1994, 30(4):275-284.

[39] Spanjers H. Respirometry in Activated Sludge [D]. Netherlands:Landbouw Universiteit Wageningen,1993.

[40] Spanjers H,Olsson G,Klapwijk A. Determining influent short-term biochemical oxygen demand and respiration rate in an aeration tank by using respirometry and estimation [J]. Water Research,1994,28:1571-1583.

[41] Lock Y W,Tam N Y,Traynor S. Enhanced nutrient removal by oxidation-reduction potential (ORP) controlled aeration in a laboratory scale extended aeration treatment system[J]. Water Research,1994,28 (10):2087-2094.

[42] Chang C,Hao O. Sequencing batch reactor system for nutrient removal:OPR and pH profiles [J]. Chemical Technology Biotechnology,1996,67:27-38.

[43] Charpentier J,Martin G,Wacheux H,et al. ORP regulation and activated sludge:15 years of experience [J]. Water Science and Technology,1998,38 (3):197-208.

[44] Paul E,Plisson S S,Mauret M,et al. Process state evaluation of alternative oxic-anoxic activated sludge using ORP, pH and DO [J]. Water Science and Technology,1998,38(3): 299-306.

[45] Ra C S,Lo K V,Mavinic D S. Control of a swine manure treatment process using a specific feature of oxidation-reduction potential [J]. Bioresource Technology,1999,70:117-127.

[46] Yu R, Liaw S, Cheng W, et al. Performance enhancement of SBR applying real-time control [J]. Journal Environmental Engineering, 2000, 126 (8): 943-948.

[47] Cho B, Chang C, Liaw S, et al. The feasible sequential control strategy of treating high strengthorganic nitrogen wastewater with sequencing batch biofilm reactor [J]. Water Science and Technology, 2001, 43 (3): 115-122.

[48] Chen K, Chen C, Peng J, et al. Real-time control of an immobilized-cell reactor for wastewater treatment using ORP [J]. Water Research, 2002, 36: 230-238.

[49] Gernaey K, Bogaert H, Vanrolleghem P A. A titration technique for on-line nitrification monitoring in activated sludge [J]. Water Science and Technology, 1998, 37(12): 103-110.

[50] Gernaey K, Vanrolleghem P A, Verstraete W. On-line estimation of nitrosomonas kinetic parameters in activated sludge samples using titration in-sensor-experiments [J]. Water Research, 1998, 32(1): 71-80.

[51] Pratt S, Yuan Z. Qutification of the effect of CO_2 transfer on titrimetric techniques used for the study of biological wastewater treatment processes [J]. Water SA, 2007, 33 (1): 117-121.

[52] Massone A, Gernaey K, Rozzi A, et al. Ammonium concentration measurements using a titrimetric biosensor [J]. Medicjne Faculty Landbouww University Gent, 1995, 60: 2361-2368.

[53] Massone A, Gernaey K, Bogaert H, et al. Biosensors for nitrogen control in wastewaters [J]. Water Science and Technology, 1996, 34(1-2): 213-220.

[54] Feitkenhauer H, von Sachs J, Meyer U. On-line titration of volatile fatty for the process control of anaerobic digestion plants [J]. Water Research, 2002, 36: 212-218.

[55] Dias J M L, Pardelha F, Eusébio M, et al. On-line monitoring of PHB production by mixed microbial cultures using respirometry, titrimetry and chemometric modelling[J]. Process Biochemistry, 2009, 44(4): 419-427.

[56] van Hulle S W H, Zaher U, Schelstraete S, et al. Titrimetric monitoring of a completely autotrophic nitrogen removal process [J]. Water Science and Technology, 2006, 53(4-5): 533-540.

[57] Yuan Z, Pratt S, Zeng R J, et al. Modelling biological processes under anaerobic conditions through integrating titrimetric and off-gas measurements applied to EBPR systems [J]. Water Science and Technology, 2006, 53 (1): 179-189.

[58] Massone A, Gernaey K, Rozzi A, et al. Measurement of ammonium concentration and nitrification rate by a new titrimetric biosensor [J]. Water Environment Research. 1998, 70: 343-350.

[59] van Vooren L, Willems P, Ottoy J P. Automatic buffer capacity based sensor for effluent quality monitoring [J]. Water Research, 1996, 33(1): 81-87.

[60] Bogaert H, Vanderhasselt A, Gernaey K, et al. New sensor based on pH effects of denitrification process [J]. Journal Environmental Engineering, 1997, 9: 884-891.

[61] Artiga P, Gonzalez F, Corral A M, et al. Multiple analysis reprogrammable titration analyzer

for the kinetic characterization of nitrifying and autotrophic denitrifying biomass [J]. Biochemical Engineering Journal,2005,26:176-183.

[62] Foxon K M,Brouckaert C J,Rozzi A. Denitrifying activity measurements using an anoxic titration (pH-stat) bioassay[J]. Water Science and Technology,2002,46(9):211-218.

[63] 高景峰,彭永臻,王淑莹. 以 DO、ORP、pH 控制 SBR 法脱氮过程[J].中国给水排水,2001,17(4):6-11.

[64] 马勇,彭永臻. ICA 技术在污水厂的应用现状及发展[J].中国给水排水,2007,23(12):11-15.

[65] 彭峰,彭永臻. A/O 工艺曝气量控制及 PH 和 DO 的变化规律[J].环境工程,2007,25(4):31-37.

[66] Guisasola A,Pijuan M,Baeza J A,et al. Aerobic phosphorus release linked to acetate uptake in bio-P sludge:Process modelling using oxygen uptake rate [J]. Biotechnology Bioengineering,2004,85:722-733.

[67] 李军,彭永臻,顾国维,等. 城市污水脱氮除磷 SBR 在线控制系统研究[J].给水排水,2006,32(9):90-93.

[68] Ficara E,Rozzi A. pH-stat titration to assess nitrification inhibition [J]. Journal Environmental Engineering,2001,8:689-704.

[69] Rozzi A,Ficara E,Cellamare C,et al. Characterization of textile wastewater and other industrial wastewaters by respirometeric and titration biosensors [J]. Water Science and Technology,1999,40(1):161-168.

[70] Ficara E,Rozzi A. Coupling pH-stat and DO-stat titration to monitor degradation of organic substrates [J]. Water Science and Technology,2004,49(1):69-70.

[71] Pratt S,Yuan Z,Gapes D,et al. Development of a novel titration and off-gas analysis(TOGA) sensor for study of biological processed in wastewater treatment systems [J]. Biotechnology Bioengineering,2003,81(4):482-495.

[72] Gernaey K,Petersen B,Vanrolleghem P A. Model-based interpretation of titrimetric data to estimate aerobic carbon source degradation kinetics [C]. The 8th IFAC Conference on Computer Applications in Biotechnology (CAB8),Quebec,2001.

[73] Vadivelu VM,Keller J,Yuan Z. Stoichiometric and kinetic characterisation of Nitrosomonas sp. in mixed culture by decoupling the growth and energy generation processes [J]. Journal Biotechnology,2006,126(3):342-356.

[74] Vadivelu V M,Keller J,Yuan Z. Free ammonia and free nitrous acid inhibition on the anabolic and catabolic processes of Nitrosomonas and Nitrobacter [J]. Water Science and Technology,2007,56(7):89-97.

[75] Wang N C,Zeng R J,Keller J. Characterization of high-rate acidogenesis processed using a titration and off-gas analysis sensor [J]. Water Science and Technology,2005,52(1-2):413-418.

第 2 章　混合呼吸测量仪的开发

呼吸测量技术已经广泛应用于废水和活性污泥组分的表征[1-3]、废水生物处理过程模型参数的识别与校核[4-8]、外界环境条件对活性污泥微生物活性的影响[9]、生物异源物质的毒性评价和城市污水处理厂毒性进水的检测与评价[10-16]、城市污水处理厂的最优化控制[17-20]。与此同时，所使用的仪器——呼吸仪，包括从瓶子中安装 DO 传感器形成的简易手动呼吸仪到全自动的复杂的呼吸仪等各种形式。尽管如此，专门论述呼吸仪开发的文献并不像论述其应用的文献那样多，可信的、在线测量的、操作维护方便的呼吸仪十分缺乏，并限制了呼吸测量方法的深入开发和应用[19,21]。

现有的呼吸仪依据两个标准：测量液相或气相中的氧气浓度；是否有液体或气体的输入输出（动态还是静态），可分为 8 种基本原理。气相呼吸仪包括气体体积变化（常压）呼吸仪和气体压力变化（常体积）呼吸仪[22]。电解质呼吸仪 BI-2000 和 Metit20 属于常压呼吸仪。气相呼吸仪需要在密闭条件下进行，操作复杂，测试频率一般较低。由于在气相呼吸仪中，O_2 从气相向液相传递为微生物供氧，这一步在某些情况下可能成为好氧生物过程的限制步骤，液体内部的微生物生长受到低氧气浓度的限制。在 μ-Warburg 呼吸仪和 Merit20 呼吸仪中发现 OUR 随细胞浓度的增加不是线性的，并且比氧利用速率（specific oxygen utility rate，SOUR）随细胞浓度的增加而减低，表明这些呼吸仪是在氧气受限的条件下运行的[22]。Tzoris 等也发现了这一现象[16]。

由于 DO 电极的方便使用，液相原理的呼吸仪应用更加广泛，其中有两种主要形式：一种是流动气相-静态液相呼吸仪，如 RODTOX，这种呼吸仪需要估计氧传质系数 $K_{L,a}$，容易造成实验内或者实验间的误差，导致 OUR 的测试精度低；另一种是静态气相-流动液相呼吸仪，如 RA-1000。为提高 DO 传感器的可靠性，这种呼吸仪通过改变流向达到使用同一只 DO 电极测量进、出口混合液 DO 浓度的目的，但因此限制了 OUR 的测试频率[22]。

现有的这些呼吸仪已不能满足活性污泥系统模拟等领域对准确的和高频率的呼吸测量的需求，Vanrolleghem 等综合以上两种液相原理呼吸仪的优点，提出了混合呼吸测量原理[23]。这种原理使用了两只 DO 电极，并把对流量、物质传递速度、电极污浊和漂移检测校核工作引入到呼吸仪的运行中，因此，同时具有较高的测试频率和准确性。尽管 Vanrolleghem 等曾经提出了基于这种原理的三种可能的实现方式[23]，但由于管道流速和流向对 DO 电极的明显影响以及系统整体恒温等困难,完全理想的混合呼吸原理还没有得到真正实现和实用检验。Petersen 在经历了开发完全理想的混合呼吸仪的失败后提出了一种简化的混合呼吸仪[24]。

　　本章首先对简易混合呼吸仪存在的问题进行理论分析和实验验证,然后从混合呼吸原理出发提出一种新的技术方案,并对其进行实验验证。由于影响 OUR 测试精度的因素除测试设备的基本原理和硬件设计参数外,还有信号传输过程的外来干扰和数据处理的算法等[8],然而在有关呼吸仪的文献中却少有该方面的研究报道。而且,国际水协(International Water Association,IWA)提出的仪器化概念要求仪器不应仅停留在数据测量上,而且应该具有在线测量、实时显示、数据存储和数据分析等功能[25,26]。因此,本章基于 LabVIEW 平台开发了一套与混合呼吸测量仪硬件系统配套的软件系统。

2.1　混合呼吸测量原理

　　Vanrolleghem 和 Spanjers 提出的混合呼吸测量原理的最理想的实现形式,即理想混合呼吸仪是把两只 DO 传感器安装在呼吸室进口和出口的管道中(图 2.1)。它们分别测量到流入和流出呼吸室的液体的 DO 浓度 $S_{O,1}$ 和 $S_{O,2}$。对呼吸室进行 DO 的物料衡算得到方程(2.1)。

$$\frac{dS_{O,2}}{dt} = \frac{Q}{V_2}(S_{O,1} - S_{O,2}) - r_{O,2} \qquad (2.1)$$

式中,Q 为流入和流出呼吸室的液体流量,mL/min;V_2 为呼吸室体积,mL;$r_{O,2}$ 为氧利用速率,即 OUR,$mgO_2/(L \cdot min)$。

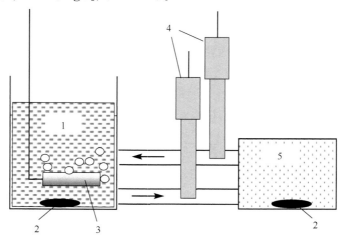

图 2.1　完全理想混合呼吸仪示意图

1. 曝气室;2. 搅拌转子;3. 曝气头;4. DO 电极;5. 呼吸室

由方程(2.1)可得到系统的 OUR(式(2.2)):

$$r_{O,2} = \frac{Q}{V}(S_{O,1} - S_{O,2}) - \frac{dS_{O,2}}{dt} \qquad (2.2)$$

如果已知 $K_{L,a}$,那么对曝气室进行 DO 的物料衡算,可得到方程(2.3)。

$$\frac{dS_{O,1}}{dt} = \frac{Q}{V_1}(S_{O,2} - S_{O,1}) + K_{L,a}(S_O^0 - S_{O,1}) - r_{O,1} \qquad (2.3)$$

式中,V_1 为曝气室体积,mL;$K_{L,a}$ 为氧传质系数,min^{-1};S_O^0 为氧气的饱和浓度,mg/L;$r_{O,1}$ 为氧利用速率 OUR,$mgO_2/(L \cdot min)$。

由方程(2.3)即可得到系统的 OUR(见式(2.4)):

$$r_{O,1} = \frac{Q}{V_1}(S_{O,2} - S_{O,1}) + K_{L,a}(S_O^0 - S_{O,1}) - \frac{dS_{O,1}}{dt} \qquad (2.4)$$

完全理想的混合呼吸测量仪在具体实现中存在以下问题:

1) 管道液体流速对 DO 电极测量值的影响

电极安装在管道上,管道内液体的流速对 DO 电极测量值有明显的影响。Petersen用自来水进行的试验显示电极测量值随流速(流量)的增大而增大(图 2.2)。这可能是高流速使得电极表面的液膜更新得更快,或增大了其承受的压力的原因。有研究提出要使 DO 电极获得稳定的测量值,流过电极膜表面的液体流速至少应大于 $15cm/s$[27],甚至是 $30\sim40cm/s$。要达到该流速,并保证呼吸室中一定的停留时间,呼吸室的容积至少需要 10L,而非目前常用的 0.5L,这在实验室是很难接受的。另外,通过减小电极与管道之间的液体通道的截面积来提高流速的做法可能会导致阻塞。

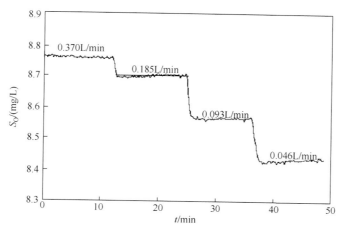

图 2.2　液体流速对 DO 电极测量值的影响[24]

2) 液体流向对电极测量值的影响

混合呼吸测量原理使用了两只 DO 电极,为防止互漂移,必须进行检测与校核。按照完全理想的混合呼吸测量仪的结构,只要改变两条液体通道中液体的流向,就可以实现这项工作。这也是理想混合呼吸测量原理的优点之一。但是,流向的变化对电极测量值也有影响。试验表明,流入呼吸室的管道上电极的测量值高于流出的管道上电极测量值,这制约了完全理想混合呼吸测量原理优势的发挥。

2.2 简易混合呼吸仪存在的问题

由于上述原因,完全理想的混合呼吸测量原理未得到实际应用。作为权宜之计,Petersen 提出了简易混合呼吸仪,把 DO 电极从管道上分别移到了曝气室和呼吸室[24](图 2.3)。其优点是非常容易实现,并且从表面上看,也不存在流速和流向对 DO 电极测量值的影响。但是这种简化形式并没有使原有的一些问题得到解决,而且丧失了理想混合呼吸仪的优点,引入了一些新的误差因素。

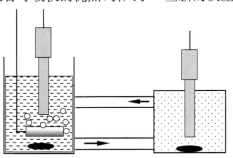

图 2.3　简易混合呼吸仪示意图[24]

2.2.1　电极漂移检测与校核

为了提高测试频率,混合呼吸测量原理同时使用了两只 DO 传感器。由于长时间运行后电极之间可能存在漂移,对它们检测和校核是必需的。在理想混合呼吸仪中,可以在实验进行中通过改变流向实现电极漂移检测。但是在简易混合呼吸仪中,位于曝气室和呼吸室中的电极的互漂移无法通过这种方式得到检验,违背了理想呼吸仪的基本原理,失去了理想呼吸仪的一大优点。在这种简化的呼吸仪中,电极互漂移检验是一大难题。

2.2.2　搅拌速度对 DO 电极测量值的影响

在完全理想的混合呼吸仪中,管道中液体的流动速度的变化对 DO 电极的测量值有非常明显的影响,Petersen 把其原因归结为电极膜表面液膜的更新速度的变化。在简易混合呼吸仪中,为了混合均匀和避免电极附近的局部区域出现溶解氧耗竭的情况,曝气室和呼吸室都需要搅拌。

为了考察搅拌速度对电极测量值的影响,将 DO 电极分别放在 4L 和 1L 的反应器中,分别充入 3L 和 0.8L 自来水,把转速可调的磁力搅拌器的转速划分为 7 个挡,从启动转速(约 50r/min,用 S 表示)开始逐级增加直到最大转速(约 2500r/min),每个转速下运行 10min(个别转速下运行 5min 或 10min),实验结果见图 2.4(a)、(b)。

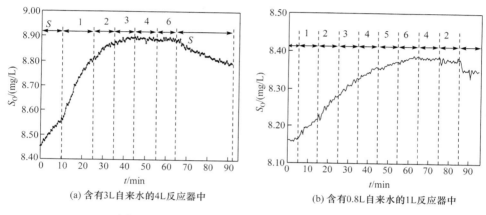

(a) 含有3L自来水的4L反应器中   (b) 含有0.8L自来水的1L反应器中

图 2.4 搅拌速度变化对 DO 电极测量值的影响

(1)反应器内搅拌速度对 DO 电极测量值有着明显影响,转速增加,电极测量值增加,只有转速高到一定的水平再增加转速才不会对电极测量值有影响,与理想混合呼吸仪中管道流速的影响类似。

(2)液体旋转在电极膜表面产生与其水平的切向线速度,从而引起液膜的更新。该线速度与电极和旋转中心的距离有关($v = \omega r$)。因此,电极的位置对电极测量值与搅拌转速之间的关系有影响。在 4L 反应器中的 r 比 0.8L 反应器中的 r 大,所以前者的电极读数会更快在更低的搅拌转速下达到稳定。

(3)在管道中,液体的流速与流量之间是线性关系,所以流量的突变会引起电极膜表面液体流速的突变,使得 DO 电极测量值随流量的变化呈阶梯式。但是在反应器中,搅拌转子转速的突变并不会引起液体旋转速度的突变,后者总会有一定时间的滞后,而且两者之间的差异与液体体积、流体的性质(黏度等)和反应器内的情况(是否存在其他组件)等有关,而电极膜表面液膜的更新速度除受这些因素影响外,还与电极自身所处的位置有关。因此,位于反应器中的 DO 电极的测量值随搅拌转子转速的变化是一个渐变的过程,而且这种关系比较复杂,试验结果呈现出总体趋势相同下的多样性。

实验还发现,在大多数转速条件下,10min 内 DO 电极测量值都没能达到稳定,另外的几组实验也证实,在某些转速下电极的平衡时间甚至超过 30min,而且并不是最终的平衡,当转速增加时,还需要一定的时间达到新的平衡(图 2.5(a)、(b))。图 2.5 中两只 DO 电极受到了几乎同样的影响。

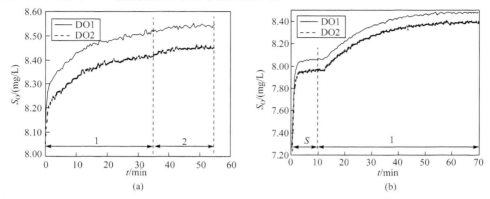

图 2.5   不同搅拌速度下 DO 电极的平衡时间

2.2.3   反应器流态差异对电极测量值的影响

由于曝气室和呼吸室自身尺寸、形状和内部情况(曝气与否)的差异,很难调整合适的搅拌强度以获取完全相同流态,流态差异会造成即使相同的搅拌速度两个电极受到的影响也不相同,对比图 2.4(a)和图 2.4(b)可以证实这一点。在同一个反应器不同位置的两只电极受到搅拌速度的影响趋势几乎完全一致,但其测量值因电极膜附近的流速不同而存在差异(图 2.6)。

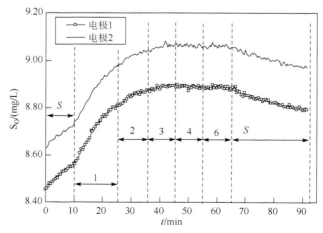

图 2.6   同一反应器内搅拌对 DO 电极的影响

2.2.4　电极测量值对 $S_{O,1}$ 和 $S_{O,2}$ 的代表性

在混合呼吸测量原理中,$S_{O,1}$ 和 $S_{O,2}$ 分别是流入和流出呼吸室的混合液的 DO 浓度。由式(2.1)可以看出,这两个参数对结果的准确性至关重要。在理想混合呼吸仪中,若 DO 电极被安装在呼吸室进口和出口的管路上,那么它们的读数能够代表 $S_{O,1}$ 和 $S_{O,2}$ 的真实含义。但是当把电极分别移至曝气室和呼吸室后,测量值还能在多大程度上代表 $S_{O,1}$ 和 $S_{O,2}$ 就成为一个问题。如果缺乏这种代表性,即使电极测量准确,依然不会得到正确的结果。

在曝气室中,由于曝气的局部性和扩散、混合的限制,可能使氧气浓度分布不均匀,而 DO 电极测得的是某个点的氧气浓度,电极的位置决定其测量值能否真实反映流出液体的 DO 浓度,特别是当电极距离曝气头近时,存在很大的危险。即使电极测量值真实代表了流出液体的 DO 浓度,但在活性污泥动力学实验中,基质浓度相对较低,微生物浓度很高(低 $S(0)/X(0)$),氧气的消耗速率很快,混合液在从曝气室经管道流入呼吸室期间,可能会有明显的氧气消耗,导致电极测得的 DO 浓度不能真实反映流入呼吸室的混合液中 DO 的浓度。在具有生化反应的曝气室内放入两只 DO 电极进行实验,电极 1 位置固定不变,2 号电极的位置可以改变。试验结果(图 2.7)显示两电极的测量值之差并不固定,所以曝气室中的电极测量值并不能或者不能很好地代表流入呼吸室的 DO 浓度。

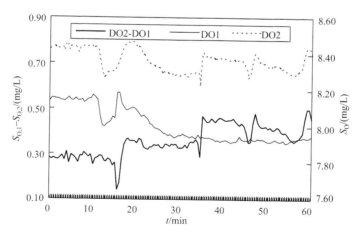

图 2.7　反应器内位置不同的两只 DO 电极的试验

对于呼吸室,也存在类似的 DO 电极测量值可能与流出的混合液的 DO 浓度不一致的问题。

2.2.5　系统整体恒温

Petersen 认为在理想混合呼吸仪中流向改变对 DO 电极测量值的影响可能是由曝气室和呼吸室的温度差异引起的。因为在他的实验中只对曝气室安装了循环冷却系统,呼吸室由于液体体积小,搅拌产生的热使液体温度升高,导致两个反应器中产生温差,所以实验中仅观察到 0.6℃ 的温差。解决这个问题的方法是对整个系统进行精确恒温,但在简易混合呼吸仪中这个问题没有解决。

2.3　混合呼吸测量仪硬件系统设计

虽然 Petersen 未能实现理想混合呼吸仪,但根据经验提出了开发中应关注的问题:

(1) DO 电极的质量(特别是对低流速和压力变化的灵敏度);

(2) 足够高的泵流速(避免对 DO 电极测量值产生影响);

(3) 搅拌速度;

(4) 整个系统的精确恒温。

参考这些经验,本节提出了一种新的技术方案来实现理想混合呼吸测量原理。

2.3.1　系统组成

混合呼吸测量仪系统由以下五部分组成:反应器系统、磁力搅拌系统、温控系统、测量系统和数据采集及处理系统,如图 2.8 所示。

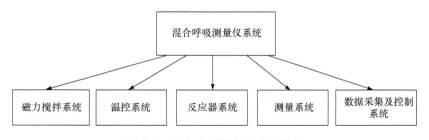

图 2.8　混合呼吸测量仪的系统图

2.3.2　硬件结构

本节提出的混合呼吸仪的结构如图 2.9 所示,实物照片如图 2.10 所示。

两个生物反应器都是圆柱形,由有机玻璃制成。一个是曝气室,内部安装有曝气器;另一个是呼吸室,有效容积分别是 4L 和 1L。呼吸室完全密闭。两个反应器之间用管道连接形成闭路循环。转速可调的蠕动泵连续泵送活性混合液,使其在两个反应器之间循环。

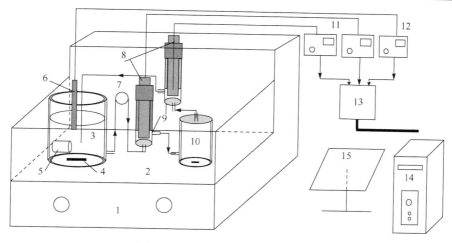

图 2.9　混合呼吸测量仪的结构图
1. 磁力搅拌器；2. 恒温水槽；3. 曝气室；4. 转子；5. 曝气头；6. pH 电极；
7. 蠕动泵；8. DO 电极；9. 测量室；10. 呼吸室；11. DO 变送器；
12. pH 变送器；13. 接线盒；14. 计算机；15. 显示器

图 2.10　混合呼吸测量仪的实物照片

　　液相中的 DO 浓度由两只 Mettler Toledo InPro6800 型 DO 传感器测量。两只传感器安装在两个被称为测量室的有机玻璃制成的容器中。两个测量室分别安装在呼吸室的进口处和出口处，分别测量流入和流出呼吸室的液体的 DO 浓度。DO 传感器分别连接两只变送器(Mettler Toledo，O_2 4100e)。变送器显示 DO 测量值并以 4～20mA 电流信号的形式将其送出。信号通过接线盒(National Instruments，SCB-68)和屏蔽电缆(SHC68-68-EPM shielded Cable)传输到装有 LabVIEW 软件(National Instruments，LabVIEW7.1)和数据采集卡(National Instruments，M Series)的计算机上。在基于 LabVIEW 自行开发的程序中对信号进行转换，对数据进行处理,并对结果进行在线实时显示和保存。在曝气室中的 pH 传感器(Mettler Toledo,InPro4250)测量混合液 pH,并通过变送器(Mettler Toledo,pH2100e)显示。自行设计加工的温度控制和磁力搅拌于一体的设备负责对反应系统恒温和曝气室及呼吸室的液体进行搅拌。所有的测试组件都浸于水浴槽中以确保整体的精确恒温。

2.4 混合呼吸测量仪软件系统开发

混合呼吸测量仪是通过采集大量的 DO 浓度数据,对测试数据进行处理和运算获得呼吸室污泥的 OUR。这项工作必须要计算机自动完成,以保证测试结果的精度,并提高研制仪器应用的简便性和可靠性。一直以来,呼吸测量技术由于操作复杂而没能在实验室以外的工业现场得到广泛应用。事实上,现代信息技术和计算机技术的发展已经可以使复杂的呼吸测量技术简单化。普通用户只需在友好的用户界面进行简单的设置就可以完成一项具体的工作,而无需了解仪器背后复杂的硬件组成和软件原理。因此,把软件系统开发作为混合呼吸仪的重要组成部分,最大可能地提高呼吸仪的自动化程度,使其能够为一般技术人员所掌握。这也是能够把生物测试方法作为水质组分表征的主要的实用方法的重要基础,赋予所开发的呼吸仪巨大的推广应用潜力。

2.4.1 软件程序流程设计

软件开发工作的第一步是用户需求调查,了解潜在用户的知识水平和对软件功能的预期。但是,由于这项技术目前不为很多人所知,更没有现场应用的实例和经验,因此,只能依靠开发者自己对这项技术的了解和经验,本着最大可能地减少操作人员的工作的原则,来进行软件功能和界面的设计。

图 2.11 是混合呼吸测量仪软件的程序流程图。位于呼吸室进口和出口处测量室中的两只 DO 传感器将测量到的信号传送到变送器中。变送器对外显示 DO 浓度,同时以 4~20mA 的电流信号的形式通过接线盒和数据采集卡传送到计算机。软件把这两个电流信号实时显示出来,目的是为了能够在必要的时候与变送器所显示的电流信号进行对比,检验电流传输过程是否正确。传到计算机的电流信号通过数据滤波处理剔除干扰噪声,然后由软件负责将其转化为 DO 浓度数值,并被保存和实时显示。实时显示的目的一是使测量过程可视化,反映两个反应器中 DO 浓度的动态变化过程;二是可以随时与变送器显示的 DO 浓度对比,检测信号传输和转化的正确性。对一个 OUR 测试周期内的所有 DO 浓度数据进行处理,结合外部输入系统的流量和呼吸室容积数据根据物料平衡方程进行运算,得到 OUR,并进行实时显示和自动保存。图中黑色框内的黑体字表示需要在软件界面上向用户显示或需要用户设置的内容。

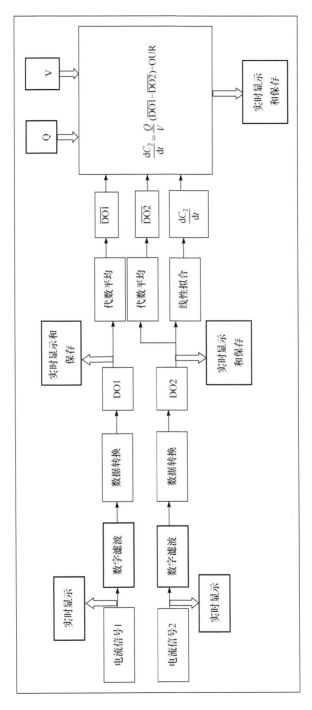

图 2.11 新型混合呼吸测量仪软件程序流程图

2.4.2　软件开发工具

软件开发工作是基于 NI 公司的虚拟仪器理念、数据采集系统的组织形式和 LabVIEW 编程语言。

1. 虚拟仪器

虚拟仪器（virtual instrument, VI），是以计算机为基础，配以相应测试功能的硬件作为信号输入/输出的接口，完成信号的采集、测量与调理，从而完成各种测试功能的一种计算机仪器系统。利用虚拟仪器软件开发平台，在计算机的屏幕上形象地模拟各种仪器的面板（包括显示器、指示灯、旋钮、开关、按键等）以及相应的功能。人们通过鼠标或键盘操作虚拟仪器面板上的旋钮、开关和按键，进行仪器功能选用，设置工作参数，启动或停止仪器的工作等。在计算机控制下，通过调用不同的功能软件，对输入信号进行采集与控制，完成各种各样的信号分析、处理，实现各种测试功能。用户在屏幕上通过虚拟仪器面板对仪器操作就如同在真实仪器上操作一样直观、方便、灵活。

虚拟仪器系统是由计算机、仪器硬件和应用软件三大要素构成的，计算机与仪器硬件又称为 VI 的通用仪器硬件平台。它的基本功能包括信号的调理与采集、数据分析和处理、参数设计和结果表达[28]。

2. LabVIEW 编程语言

LabVIEW 是一种图形化的编程语言和开发环境，广泛被工业界、学术界和研究实验室所接受，被公认为是标准的数据采集和仪器控制软件。它是一个功能强大且灵活的软件，利用它可以方便地建立自己的虚拟仪器。使用这种语言编程时，基本上不需要编写程序代码，而是"绘制"程序流程图。LabVIEW 尽可能利用工程技术人员所熟悉的术语、图标和概念，因而它是一种面向最终用户的开发工具，可以增强工程人员构建自己的科学和工程系统的能力，可为实现仪器编程和数据采集系统提供便捷途径。在 LabVIEW 中开发的所有程序都称为 VI。而所有的 VI 都是由前面板、框图、图标和连接器窗格三部分组成。前面板是图形用户界面，也是 VI 的前面板，该界面上有交互式的输入和输出，显示两类对象，分别称为控制器和指示器。框图是定义 VI 功能的图形化源代码。在框图中对 VI 编程的主要工作就是从前面板上输入控件获得用户输入信息，然后进行计算和处理，最后在输出控件上把处理结果反馈给用户。如果将 VI 与标准仪器相比，那么前面板就相当于仪器面板，而框图相当于仪器箱内的功能部件。在许多情况下，使用 VI 可以仿真标准仪器[29]。

3. 数据采集系统

数据采集（data acquisition, DAQ）是 LabVIEW 的核心技术之一。LabVIEW 提供了与 NI 公司的数据采集硬件相配合的丰富的软件资源，使得它能方便地将现实世界中各种物理量数据采集到计算机中，从而为计算机在测试领域发挥其强大的功能奠定基础。要将数据采集到计算机中，并对其进行合理的组织，需要构建一个完整的数据采集（DAQ）系统。它包括传感器和变换器、信号调理设备、数据采集卡或装置、驱动程序、硬件配置管理软件、应用软件和计算机等。使用不同的传感器和变换器可以测量各种不同的物理量，并将它们转化为电信号；信号调理设备可对采集到的电信号进行加工，使它们适合数据采集卡等设备的需求；计算机通过数据采集卡等获得测量数据；软件则控制着整个测量系统，它告诉采集设备什么时候从哪个通道获取数据，同时还对原始数据进行分析处理，并将最后结果表示成容易理解的方式，如图表或文件等。

传感器和变换器种类繁多，它们直接与各种物理量打交道，并将这些物理量转化为 DAQ 系统可以采集的电信号。在设计自动化测量系统前，必须要对待测对象和测量需求作详细分析，正确选择合适的传感器和变换器。

信号调理设备对传感器和变换器送来的信号采取放大、滤波、隔离等措施，将它们转化为采集设备易于读取的信号。如果实际中的信号符合数据采集卡等设备的要求，则信号调理模块可以省略。

采集设备将数据送到计算机中，比较常见的是插入式数据采集卡，它可以直接插入到台式机的 PCI 槽上[29]。

要与硬件打交道，首先需要有驱动程序，如 NI-DAQmx、传统 NI-DAQ、NI-VISA 等；然后需要提供应用程序编程接口（API）；再上层就是 LabVIEW 等编程环境软件；最后是用户自己根据需要构建的应用程序。NI 自 LabVIEW7.0 以来，包含了两个驱动程序——传统 NI-DAQ 和 NI-DAQmx，这两个驱动程序各自有单独的应用程序编程接口 API，分别有不同的硬件和软件设置方法，因此也形成了两套独立的数据采集系统，如图 2.12 和图 2.13 所示[30]。

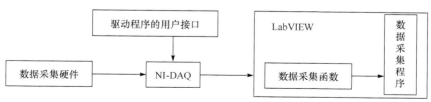

图 2.12　基于传统 NI-DAQ 的数据采集系统

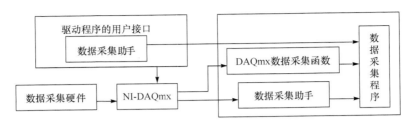

图 2.13　基于 NI-DAQmx 的数据采集系统

2.4.3　$\dfrac{\mathrm{d}S_{\mathrm{O,2}}}{\mathrm{d}t}$ 的算法

由式(2.2)可以看出,要想得到 OUR,必须计算呼吸室内 DO 浓度的变化率 $\dfrac{\mathrm{d}S_{\mathrm{O,2}}}{\mathrm{d}t}$。最常用的方法是向前差分,但这种算法存在较大误差,特别是在 OUR 采样间隔较大的情况下。因此,采用线性回归来计算 $\dfrac{\mathrm{d}S_{\mathrm{O,2}}}{\mathrm{d}t}$。

2.4.4　数字滤波

液体在 DO 电极表面的流动会使电极产生的电位存在噪声,同时,信号在传输过程中也会受到外界的电磁干扰。为此,一方面采取硬件措施,如使用具有屏蔽功能的信号线和接线盒;另一方面采取软件措施对采集到的数据进行数字滤波处理。采用数字滤波技术的优点主要有:

(1) 滤波只是一个计算过程,无需硬件,因此可靠性高,并且不存在阻抗匹配问题。模拟滤波器在频率低时较难实现的问题不会出现在数字滤波器的实现过程中。

(2) 只要适当改变数字滤波程序或有关的滤波参数,就能方便地改变滤波特性,因此数字滤波使用时方便灵活。

常用的滤波方法有限幅滤波法、中值滤波法、算术平均滤波法和滑动平均滤波法等,各种方法的特点见表 2.1[31]。

表 2.1　数字滤波方法及其特点

名称	特点
程序判别法(限幅滤波法)	通过判断被测信号的变化幅度,消除缓变信号中的尖脉冲干扰
莱特准则法	应用场合与程序判别法类似,并可更准确地剔除严重失真的测量信号
中值滤波法	能有效克服因偶然因素引起的波动或采样器不稳定引起误码等造成的脉冲干扰,对缓慢变化的被测参数一般能收到良好的滤波效果

名称	特点
算术平均滤波法	能有效消除随机干扰,但对脉冲干扰抑制效果较差,还会使系统的灵敏度降低
去极值平均滤波法	是中值滤波法和均值滤波法的综合,既能抑制随机干扰,又能抑制明显的脉冲干扰
滑动平均滤波法	对周期性干扰有良好的抑制作用,平滑度高,灵敏度低;但对偶然出现的脉冲性干扰的抑制作用差
加权滑动平均滤波法	是对滑动平均滤波法的改进,增加了新的采样数据在滑动平均中的比重,提高了系统对当前采用值的灵敏度

中值滤波是一种非线性处理技术,含有奇数个像素的滑动窗口,对某一被测参数连续采样 n(奇数)次,然后将这些采样值进行排序,选取中间值为本次采样值:

$$Y_i = \text{Med}\{f_{i-v}, \cdots, f_i, \cdots, f_{i+v}\} \tag{2.5}$$

式中,i 为自然数。

用中值 Y_i 代替 i 时刻的测量值 f_i,时间序列没变。

滤波阶数为

$$m = 2v + 1$$

对某些特定的输入信号,中值滤波的输出保持输入信号的时间序列不变,如单增或单减的序列。中值滤波可以用来减弱随机干扰和脉冲干扰,中值滤波的输出与输入噪声的概率分布有关,而均值滤波与其无关,所以,中值滤波在抑制随机噪声上要比均值滤波差一些,但对脉冲干扰非常有效[32]。

混合呼吸测量仪中采集的 DO 浓度信号相对于信号处理领域其他信号并不属于变化很快的量,其时间序列要保持不变,而且在一个时段内具有明显的单增或单减的特征,滤波主要针对偶然因素引起的脉冲干扰。对于这种用途,中值滤波比低通滤波和均值滤波都有优势[33]。因此,本软件中选用中值滤波法。

中值滤波法的应用主要就是确定合适的滤波阶数。滤波阶数过低达不到有效消除干扰的目的,滤波阶数过高会造成明显的时间延迟。为此,对一个活性污泥系统中的 DO 浓度进行 30s 的连续采集,采样频率为 $10s^{-1}$。对采集到的数据进行不同阶数的中值滤波处理,结果见图 2.14(a)～(e)。由图可以看出,中值滤波有效地滤除了测量数据中的"坏点",提高了数据的相关性,并且随着滤波阶数的提高而提高,但从 5 阶提高到 9 阶的变化并不十分明显。因此,本软件中选用 7 阶中值滤波。如果 OUR 的采样间隔为 30s,采样频率为 $10s^{-1}$,此时的时间滞后为 300ms,仅为 OUR 采样时间间隔的 1%,可以忽略。

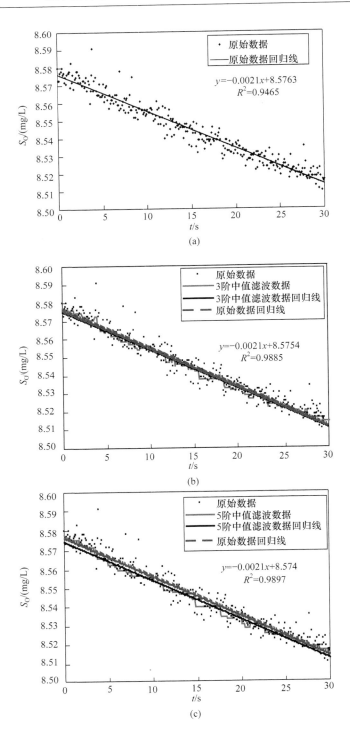

(a)

(b)

(c)

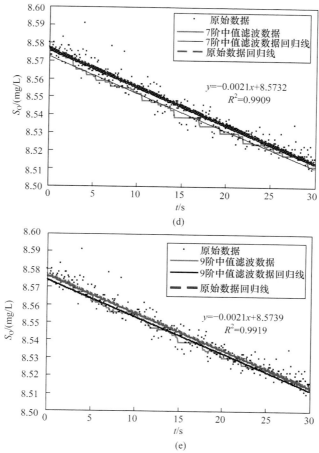

图 2.14　不同滤波阶数的中值滤波对测量数据的影响
（图中方程为对应阶数的滤波数据的回归方程）

2.4.5　用户界面设计

用户界面是软件与用户通话的窗口，是内部复杂程序的简单化外现。用户不需要关注具体的程序，只需要在用户界面上进行操作来完成测量工作。因此，用户界面必须简单、明了，易于理解和操作，能够为一般人员所掌握。本章所开发的混合呼吸仪的用户界面见图 2.15。这个用户界面能够实现两大功能：参数设置和测量结果显示。

1.　参数设置

A 为物理通道。一般的数据采集卡都有多个输入通道，每一个通道对应一个

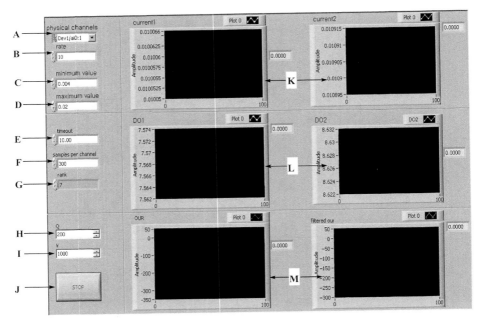

图 2.15　混合呼吸测量仪软件的用户界面

外部测量设备,主要是各种传感器。用户在进行硬件连接时可自由选取。一旦这种硬件配置被固定下来,其配置情况也必须要通知软件。A 所对应的对话框就是通知软件从哪个或哪些物理通道上读取数据。如在混合呼吸测量仪中,进口和出口的 DO 传感器分别与数据采集卡的 0 通道和 1 通道对应,那么,就要在这个对话框中选中这两个通道。

B 为采样速率。这个对话框是设置数据采集的频率。

C 和 D 分别为电流信号最大值和最小值。一般电流信号有两种:0～20mA 和 4～20mA,通过 C 和 D 对话框来进行选择,这由所采用的传感器决定。实验中使用的是 4～20mA 的电流信号,所以 C 对话框输入 0.004(单位是 A),D 对话框输入 0.02。

E 为超时设置。

F 为每个通道的采样数。在混合呼吸测量仪中有两个采样频率的概念:一个是 OUR 的采样频率;另一个是 DO 浓度的采样频率。后者远远高于前者。对一个 OUR 采样时间间隔内所采集到的多个 DO 数据进行计算才能得到一个 OUR 数据。F 对话框的作用是告诉内部运算程序当每个通道采集到多少个数据的时候进行一次处理以得到一个 OUR 数据。因此,F 对话框和 B 对话框共同决定了 OUR 的采用频率。例如,一般 B 对话框设置的 DO 浓度的采集频率为 10s^{-1},即 1s 内每个通道采集 10 个 DO 浓度数据,如果需要每 30s 得到一个 OUR 数据,那么运算程序就要在每个通道采集到 300 个 DO 浓度数据的时候进行一次运算得出 1 个对应的 OUR 数据。因此,F 对话框就应输入 300。

G 为滤波阶数。设置每个通道采集 DO 浓度数据时中值滤波的阶数。根据前面的研究,这个值一般不需调整,确定为 7。

H 和 I 分别是呼吸仪硬件中混合液循环的流量和呼吸室的容积。这两个参数使这套软件能够使用于不同规格(尺寸)的硬件系统和实验条件。开发的呼吸仪的呼吸室容积是 1000mL,所以 I 对话框输入 1000。当然,若是采用其他尺寸的呼吸室,这个参数就需要重新设置。

决定 H 对话框的流量数值的因素较多,包括实验中活性污泥混合液的呼吸速率和呼吸室的体积等。对于一个特定的呼吸测量实验,流量过小,不能有效混合曝气室和呼吸室的混合液,因而不能快速传输基质和 DO,导致两室的呼吸速率存在明显差异,甚至呼吸室 DO 浓度过低的现象;流量过大,混合液在呼吸室的停留时间过短,氧的消耗不明显,不利于 OUR 的准确计算。根据经验,对于一般的活性污泥呼吸速率测量,当使用容积为 1000mL 的呼吸室时,5min 左右的停留时间比较合适,流量一般在 200～300mL/min。

J 为控制按钮。可以控制软件停止。

2. 结果显示

K 对应的两个窗口分别以图形形式实时显示两个通道采集到的 DO 电极电流值。

L 对应的两个窗口分别以图形的形式实时显示两个通道采集到的 DO 浓度数值。

M 对应的两个窗口分别以图形的形式实时显示测量到的 OUR 数据和经过平滑处理的 OUR 数据。以前呼吸测量法都认为直接得到的 OUR 数据波动较大,需要进行平滑处理。事实上,实际应用结果表明,开发的这套混合呼吸测量仪得到的 OUR 数据并不需要额外的人为平滑处理。因此,尽管处理后 OUR 数据被实时显示和保存,一般都没有使用。这只是软件的一个备用功能,应用三阶中值滤波来进行平滑处理。

测量结果的实时显示功能使呼吸测量过程可视化,使用户对反应过程有了非常直观的认识,可以全程监视实验的进程,判断实验进行是否正常,及时发现问题和采取适当措施,而不是要等到实验结束后对数据进行分析时才发现问题。图 2.16是作者开发的混合呼吸测量仪的信号传输和数据采集系统。

图 2.16　作者开发的混合呼吸测量仪的信号传输和数据采集系统

2.5　新型混合呼吸测量仪的证实

2.5.1　搅拌和流速对电极的影响

　　前面通过实验已经对简易混合呼吸仪中搅拌速度变化对 DO 电极测量值的影响和理想混合呼吸仪中管道内液体流动速度变化对电极测量值的影响给予了证实。对于理想混合呼吸测量仪,只有当管道中液体流速达到很高的水平时,才能消除其变化对电极测量值的影响,但这会带来如下问题:DO 传感器的尺寸的限制使得管道的直径不可能无限减小,当流速大幅增加,会导致流量等比增加,为了确保液体在呼吸室中有足够的水力停留时间,呼吸室的容积会大大增加以至于现实中无法实现。因此,本书提出了一种新的测量组件——测量室,其结构示意图见图 2.17。图中,图(a)是测量室立体图,图(b)测量室是剖面图(内有 DO 传感器)。测量室由有机玻璃制成,可以拆开。

　　这个组件的使用使 DO 电极脱离了反应器,不会受到搅拌的影响。根据测量室内液体的流向和电极承受的压力,测量室有四种运行方式,见图 2.18:

　　(1)上向流正压:蠕动泵从下部把液体泵入测量室,液体向上流从上口流出,电极膜承受了正压力。

　　(2)上向流负压:蠕动泵从上部把液体吸入测量室,液体自下向上从上口流出,电极膜承受了负压力。

　　(3)下向流正压:蠕动泵从上部把液体泵入测量室,液体向下流从下口流出,电极膜承受了正压力。

　　(4)下向流负压:蠕动泵从下部把液体吸入测量室,液体自上向下从下口流

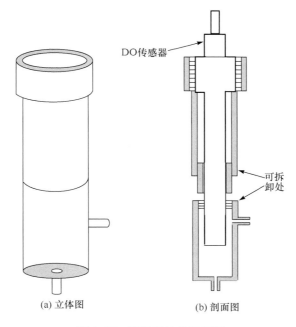

(a) 立体图　　　　　　　　　(b) 剖面图

图 2.17　测量室结构示意图

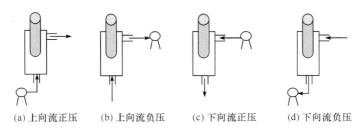

(a) 上向流正压　　(b) 上向流负压　　(c) 下向流正压　　(d) 下向流负压

图 2.18　测量室的运行模式

出,电极膜承受了负压力。

使用自来水实验考察了流量变化对 DO 电极测量值的影响,流量在46～885mL/min 内变化,每个流量下测量 10min,结果见图 2.19。

与图 2.18 管道中的情况对比,尽管图 2.19 的实验流量在更大的范围内变化,但电极测量值的变化要小得多,而且也没有呈现出明显的线性关系。在四种测量室操作模式中,上向流的操作方式比较具有优势,在流量近 20 倍的变化范围内,DO 电极测量值的变化没有超过 0.1mg/L,特别是上向流正压的运行方式下,电极测量值没有受到明显的影响。下向流操作方式下电极测量值受到的影响相对较大,但也没有超过 0.20mg/L,最大影响都小于管道流速对电极测量值的影响。因此,测量室的引入可以克服理想混合呼吸测量仪中流速对 DO 电极测量值的影响。

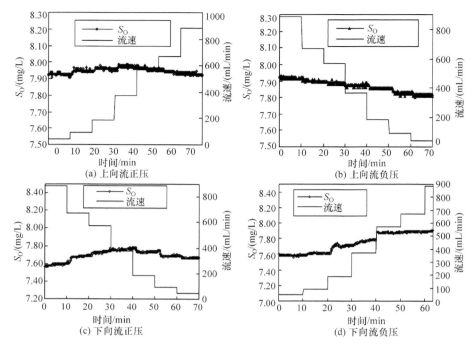

图 2.19　流速变化对测量室 DO 传感器读数的影响

关于液体流速对电极测量值的影响有两种解释:压力解释和液体更新解释。压力解释认为,流量增加引起的流速增加最终导致电极膜承受的压力增加,这使得电极测量值增加。根据 Petersen 按照 Daltons 原理对位于管道中的电极受到的压力的计算,当流量从 46mL/min 增加到 370mL/min 时,压力增加了约 40mbar[1),这一压力增值能够说明电极测量值从 8.42mg/L 增加到 8.77mg/L 的情况。

但是,由 DO 传感器的基本工作原理可知,液体更新更能清楚地解释流速变化对电极测量值的影响。一般,DO 探头由两个电极组成,它们安装在由半透膜密封的内部电介质溶液中。DO 分子从液相通过半透膜扩散到内部的电解质溶液,在阴极上被还原而产生电流。电流强度与氧分子通过半透膜的扩散速度成正比,因此也与液相中 DO 浓度成正比。电极测量过程中也要消耗氧气,电极膜附近的微观区域的液体必须得到有效的快速更新。更新的速度与流场分布紧密相关。位于管道中的传感器周围的流场分布情况如图 2.20 所示。电极可视为一个圆柱体,电极膜可以看作圆柱体的最后一个界面。那么,A 区域的流场分布就属于流体力学中

---

1) 1bar=10^5Pa。

典型的圆柱定常绕流问题[34]。传感器外表面的流场分布见图 2.20(a)：由于圆柱是非流线型物体，圆柱表面上的边界层经受不起逆压的作用而脱离物体，在物体后面形成尾窝区，尾窝区内的流体很难得到有效的快速更新。

在电极膜以下至管壁的 B 区域，其流场分布见图 2.20(b)。一般管道内的流体处于层流，由于受到 A 区域流体的内摩擦力和电极膜的摩擦力的阻滞[35]，使得距离电极膜越近的流体的流动速度越低。A 区域的绕流也会影响 B 区域的流体，使其形成绕流(图 2.20(c))。这些因素的综合作用的结果就会使电极膜附近区域形成"死区"，区域内的液体更新速度大大降低，流量(流速)的增加加快了其更新速度，电极测量值因而上升。

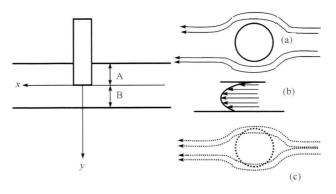

图 2.20　管道中 DO 传感器周围流场分布示意图
(a) A 区域的绕流；(b) B 区域流场；(c) B 区域绕流

在上向流的测量室中，流体的流向与其重力方向相反，流体以股流的形式冲入电极膜附近的液体，使整个流体处于湍流运动(图 2.21)，宏观的流体质点团之间通过脉动相互剧烈的交换着质量、动量和能量，从而产生了湍流扩散，其强度比分子运动所引起的扩散要大得多。因此，呼吸室中的液体即使在低的流量(流速)下也混合充分，更新速度也很快。使用数字图像粒子跟踪技术研究测量室中液体的流动情况，结果证实了流体处于湍流状态的推论，见图 2.22。而在下向流的操作模式下，流体流向与重力方向一致，混合作用不如前述的充分，更重要的是当流体沿传感器的圆柱面自上向下流动时很可能在电极膜下部形成液体更新速度较慢的"滞留团"。因此，测量室的流体力学流场分析结果为本书提出的测量室在解决流速对 DO 电极测量值影响这一重要问题上提供了理论支持。

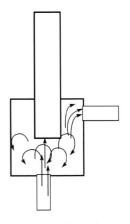

图 2.21　测量室中 DO 传感器周围流场分布示意图

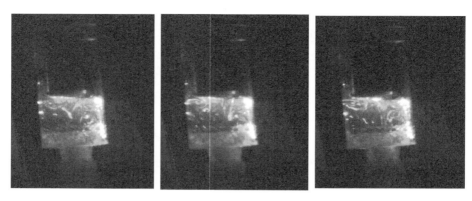

图 2.22　正压上向流运行模式下测量室中的液体流动图像

2.5.2　电极测量值对 $S_{O,1}$ 和 $S_{O,2}$ 的代表性

DO 电极安装在测量室内,两个测量室分别位于呼吸室的进口和出口处,这与理想混合呼吸仪的电极位置相同。测量室的有效容积仅为 5mL,根据呼吸室停留时间对流量的要求,混合液在测量室的停留时间最大不超过 1.5s,说明在测量室的氧气消耗可以忽略,测量室仅起到测量的作用。经测量后的液体立刻进入呼吸室。同样,呼吸室流出的液体立刻进入测量室进行 DO 浓度的测量。因此,两个测量室 DO 电极测量值能够真正代表 $S_{O,1}$ 和 $S_{O,2}$。

2.5.3　不存在流态差异

由于两个测量室形状等各种条件几乎完全相同,所以也不存在其内部流态差异对 DO 电极测量值的影响。把两只测量室串联,用自来水进行的实验,结果表明即使流量变化对电极的微弱影响,两只电极的反应都是同步的(图 2.23)。

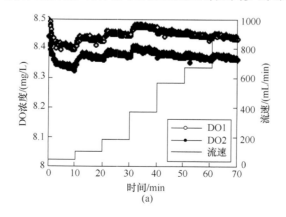

(a)

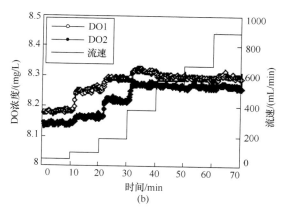

图 2.23 两个测量室中 DO 电极对流量变化的同步响应

2.5.4 整体恒温

如图 2.9 所示,呼吸室、测量室、曝气室和部分管道都浸在同一个水浴槽中,能够保证整个系统的精确恒温。实际应用也表明,位于不同位置的三只电极的温度探头(两只 DO 电极和一只 pH 电极)在整个实验进行过程中所探测到的温度几乎完全相同。

2.5.5 电极漂移检测与校核

在混合呼吸测量仪中,电极的校核均在软件上进行。对于两只 DO 电极之间的互漂移(电极测量值的差异),很容易在空气中或清水中检测到,然后以出口 DO 电极的测量值为基准,根据两者的差量对进口 DO 电极测量值进行校核。

2.6 新型混合呼吸测量仪的应用实例

下面以一个的简单的例子来定性说明新开发的混合呼吸测量仪的实用效果。实验用污泥来自实验室人工合成废水培养的污泥,以浓度为 20gCOD/L 的等摩尔 HAc-NaAc 混合液作为有机物基质。实验前首先打开温控设置温度为 25℃,将处于内源呼吸的污泥混合液置于呼吸仪的曝气室中,污泥浓度约 1500mgMLVSS/L。打开蠕动泵使混合液在系统中循环。当系统达到设定温度后,开启软件,参数设置完毕后,从内源呼吸速率开始记录,然后向曝气室中投加两组浓度的基质,观察显示结果,直至再次进入内源呼吸为止。如此重复三次,用户界面显示的情况见图 2.24。对比最后的两个图发现,三阶中值滤波剔除了 OUR 曲线上的毛刺,但并不会引起失真。

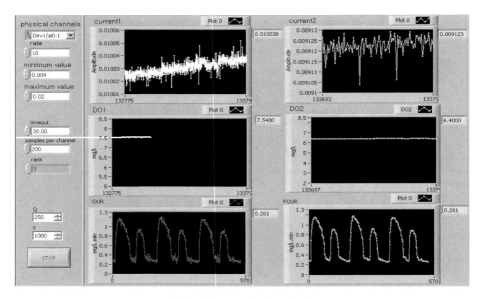

图 2.24 工作中的新型混合呼吸测量仪的用户界面

图 2.24 中的一条 OUR 曲线见图 2.25。由图可以看出,活性污泥起先处于很稳定的内源呼吸阶段,对基质的投加响应非常快,几乎是立刻引起呼吸速率的上升,2min 内可以达到最大值,并且可以稳定一段时间,时间的长短取决于基质的浓度。随着基质的降解,呼吸速率逐渐下降,而且下降的速度不断增加,特别是到后期几乎是垂直进入内源呼吸速率期。这一特性与 Monod 函数的曲线特性完全一致。

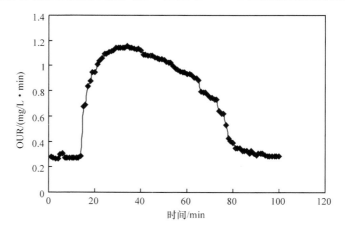

图 2.25 图 2.24 实测得到的一条 OUR 曲线

2.7　本章小结

　　混合呼吸测量原理在理论上具有高测试频率和高测试精度的优势,但由于管道流速对 DO 电极测量值的影响和系统整体恒温等方面的原因而未能实现。本章通过研究,提出了一套新的混合呼吸测量硬件与软件系统,得出如下结论:

　　(1) 在简易混合呼吸仪中,反应器内搅拌速度对 DO 电极测量值有着明显影响,转速增加,电极测量值增加,两者呈非线性关系,这种关系与 DO 传感器在反应器中的位置有关;曝气室和呼吸室自身尺寸、形状和内部情况(曝气与否)的差异导致的内部流态差异对 DO 传感器的测量值有影响,并且曝气室与呼吸室内 DO 传感器的测量值不能真实代表呼吸室流入与流出混合液的 DO 浓度,无法满足物料平衡方程计算的要求;无法实现 DO 传感器互漂移的检验与校核,也没有实现反应器系统的整体恒温。

　　(2) 提出的新的混合呼吸测量仪硬件系统重点解决了系统恒温和流速对 DO 传感器测量值的影响问题。恒温水槽与磁力搅拌器的组合使在对液体进行搅拌的同时,整个反应器系统能够都处于同一个恒温水槽中,达到了系统恒温的目的;测量室组件的引入及其正压上向流的操作模式,使其中的液体处于强烈的湍流流态,DO 传感器膜附近的液体即使在低流速下也具有足够高的更新速度,解决了流速对 DO 传感器测量值的影响;两个测量室分别位于呼吸室的进口与出口,能够真正测量到呼吸室进口、出口混合液的 DO 浓度,完全相同的测量室消除了流态差异对 DO 传感器测量值的影响。

　　(3) 基于 LabVIEW 开发的混合呼吸测量软件具有简单友好的用户界面,大大提高了所开发的混合呼吸测量仪的自动化程度,降低了呼吸测量的操作难度;采用了 7 阶中值滤波技术消除干扰信号和线性拟合算法代替简单差分算法,提高了测试结果的精度。

　　(4) 提出了"软校核"的方法在软件上对 DO 传感器的互漂移进行校核,消除了两个 DO 传感器之间可能存在的固有差异。

　　(5) 针对城市污水可生物降解组分表征的特定目的开发的软件具有简单友好的用户界面,能够很容易实现组分耗氧量和组分浓度的计算。

参 考 文 献

[1] Witteborg A, van der Last A, Hamming R, et al. Respirometry for determination of the influent SS-concentration [J]. Water Science and Technology, 1996, 33: 311-323.

[2] Spanjers H, Vanrolleghem P A. Respirometry as a tool for rapid characterization of wastewater and activated sludge [J]. Water Science and Technology, 1995, 31(2): 105-114.

[3] Spanjers H, Olsson G, Vanrolleghem P A, et al. Determining influent short-term biochemical oxygen demand by combined respirometry and estimation [J]. Water Science and Technology, 1993, 28 (11-12): 401-404.

[4] Vanrolleghem P A, van Doele M, Dochain D. Practical identifiability of a biokinetic model of activated sludge [J]. Water Research, 1995, 29, 2561-2570.

[5] Vanrolleghem P A, Keesman K I. Identification of biodegradation models under model and data uncertainty [J]. Water Science and Technology, 1996, 33 (2): 91-105.

[6] Vanrolleghem P A, Kong Z, Cone F. Full-scale on-line assessment of toxic wastewaters causing change in biodegradation model structure and parameters [J]. Water Science and Technology, 1996, 33 (2): 163-175.

[7] Kong Z, Vanrolleghem P A, Willems P, et al. Simultaneous determination of inhibition kinetics of carbon oxidation and nitrification with a respirometer [J]. Water Research, 1996, 30(4): 825-836.

[8] Marsili-Libelli S, Tabani F. Accuracy analysis of a respirometer for activated sludge dynamic modeling [J]. Water Research, 2002, 36: 1181-1192.

[9] 施汉昌, 柯细勇, 张伟, 等. 用快速生物活性测定仪测定活性污泥生物活性的研究[J]. 环境科学, 2004, 25(1): 67-71.

[10] Geenens D, Thoeye C. The use of an online respirometer for the screening of toxicity in the Antwerp WWTP catchment area [J]. Water Science and Technology, 1998, 37 (12): 213-218.

[11] Temmink H, Vanrolleghem P, Klapwijk A, et al. Biological early warning system for toxicity based on activated sludge respirometry [J]. Water Science and Technology, 1993, 28 (11-12): 415.

[12] de Bel M, Stokes L, Upton J, et al. Applications of a respirometry based toxicity monitor [J]. Water Science and Technology, 1996, 33 (1): 289-296.

[13] Dalzell D J B, Alte S, Aspichueta E, et al. A comparison of five direct toxicity assessment methods to determine toxicity of pollutants to activated sludge [J]. Chemosphere, 2002, 47: 535-545.

[14] Copp J B, Spanjers H. Simulation of respirometer-based detection of activated sludge toxicity [J]. Control Engineering Practice, 2004, 12, 305-313.

[15] Ricco G, Tomei M C, Ramadori R, et al. Toxicity assessment of common xenobiotic compounds on municipal activated sludge: comparison between respirometry and Microtox [J]. Water Research, 2004, 38: 2103-2110.

[16] Tzoris A, Fernandez-Peterz V, Hall E A H. Direct toxicity assessment with a mini portable respirometer [J]. Sensors and Actuators B, 2005, 105, 39-49.

[17] Klapwijk A, Spanjers H, et al. Control of activated sludge plants based on measurement of respiration rates [J]. Water Science and Technology, 1993, 28(11-12): 369-376.

[18] Brouwer H, Klapwijk A, et al. Modelling and control of activated sludge plants on the basis

of respirometry [J]. Water Science and Technology,1994,30(4):265-274.

[19] Watts J,Cavenor-Shaw A. Process audit and assessment using on-line instrumentation [J]. Water Science and Technology,1998,37(12):55-61.

[20] Yoong E T,Lant P A,Greenfield P F. In situ respirometry in an SBR treating wastewater with high phenol concentrations [J]. Water Research,2000,34 (1):239-245.

[21] Spanjers H,Vanrolleghem P A,Olsson G, et al. Respirometry in control of the activated sludge process [J]. Water Science and Technology,1996,34 (3-4):117-126.

[22] Tzoris A,Cnne D,Maynard P,et al. Tuning the parameters for fast respirometry [J]. Analytical Chimica Acta,2002,460,257-270.

[23] Vanrolleghem P A,Spanjers H. A hybrid respirometic method for more reliable assessment of activated sludge model parameter [J]. Water Science and Technology,1998,37(12):237-246.

[24] Petersen B. Calibration,identifiability and optimal experimental design of activated sludge models [D]. Belgium:University Gent,2000.

[25] Olsson G. Advancing ICA technology by eliminating the constraints [J]. Water Science and Technology,1993,28 (11-12):1-7.

[26] Olsson G,Newell R. Reviewing,assessing and speculating [J]. Water Science and Technology,1998,37(12):397-401.

[27] Willems P,Ottoy J P. On-line data acquisition [C]//van Impe J,Vanrolleghem P,Iserentant D. Advanced Instrumentation,Data Interpretation and Control of Biotechnological Processes. The Netherlands:Kluwer Academic Publishers,1998:161-190.

[28] 张爱平. LabVIEW 入门与虚拟仪器[M]. 北京:电子工业出版社,2004:1-2.

[29] 侯国平,王琨,等. LabVIEW7.1 编程与虚拟仪器设计[M]. 北京:清华大学出版社,2004:2-5.

[30] 雷振山. LabVIEW7 Express 实用技术教程[M]. 北京:中国铁道出版社,2004:251.

[31] 周航慈,朱兆优,李跃忠. 智能仪器原理与设计[M]. 北京:北京航空航天大学出版社,2005:106-111.

[32] 李朝晖. 数字图像处理及应用[M]. 北京:机械工业出版社,2004:70-75.

[33] Marsili-Libelli S. Accuracy analysis of a respirometer for activated sludge dynamic modeling [J]. Water Science and Technology,1996,34(3-4):117-126.

[34] 吴望一. 流体力学(下册)[M]. 北京:北京大学出版社,2004:31-52.

[35] 姜兴华,禹华谦,陈春光,等. 流体力学[M]. 成都:西南交通大学出版社,2000.

第3章 混合呼吸测量仪的评估

对于仪器性能的严格评估是仪器开发工作至关重要的环节,只有经过这个环节才能证实仪器测量结果是否可靠。一般,准确性和重现性是两个重要的定量评价指标。准确性通过被测物理量的仪器测量值和理论值之间的误差和相对误差来反映;重现性通过多次测量结果的标准偏差和变动系数(coefficient of variation,CV)来反映。直到目前,还无法知道一个特定的待测活性污泥样品的OUR的理论值,并且由于OUR受到微生物来源、基质类型和测试的时间尺度等多种因素的影响,以及不同的呼吸测量方法(仪器)具有不同的原理和特点,某种方法的功能不一定为另一种方法所具有,所以也没有一种方法(仪器)和实验条件被公认为能够作为呼吸测量的标准。因此,无法通过OUR这一物理量对本书开发的混合呼吸测量仪直接进行评估。但是,呼吸仪最终是要满足某些测量应用的需求,可以在具体的应用实践中对其进行检验。

长期以来,呼吸测量被认为是活性污泥过程监控的一种重要技术手段,许多基于呼吸速率的控制策略被提出,这是由于呼吸速率与污水处理厂必须控制的两个重要的生物化学过程直接关联:微生物生长和基质消耗。Young等以OUR为指标进行处理含酚废水的SBR的优化运行,使反应器的容积负荷和污泥负荷分别提高了4~5倍和4~8倍,去除率仍保持在97%以上[1-3]。

Temmink等已经把呼吸测量用于毒性测试,特别强调了用于计算抑制性的参数值的重要性,并把这种方法用于一个大型化工厂污水处理站的进口保护[4];Bel等基于对硝化过程的呼吸测量建立了一套检测污水处理厂污水毒性的方案[5];Copp和Spanjers对某工业废水处理厂的毒性废水冲击提出了基于呼吸测量的控制策略,并通过仿真模拟对其进行评估[6]。

在研究应用和模型理论发展方面,OUR被作为活性污泥模型理论的最灵敏参数,基于OUR已开发了许多实验方法来认识和研究ASM的各个方面,如组分表征和参数识别等。

因此,鉴于呼吸仪在实践中的可能用途,本章通过长期运行稳定性实验、基质加标回收实验、活性污泥模型参数识别实验和有毒物质对活性污泥微生物毒性评价实验来间接对本研究开发的新型混合呼吸测量仪的性能进行评估。

3.1　长期运行稳定性实验

一般呼吸测量实验的时间跨度从数十分钟到数小时,呼吸仪在这个时间尺度内必须能够稳定地连续运行。因此,进行了持续 12h 的连续反复异养呼吸实验,评价开发的混合呼吸测量仪长期运行的稳定性。

3.1.1　材料和方法

活性污泥来自实验室长期运行的 SBR 反应器,进水为人工合成废水,其组成(100 倍浓度)及反应器中的初始水质见表 3.1[7,8]。有机基质分别是浓度为 20gCOD/L 的葡萄糖溶液和等摩尔的醋酸-醋酸钠(HAc-NaAc)混合液。浓度为 20g/L 的丙烯基硫脲(ATU)溶液用于抑制硝化反应,浓度为 2mol/L 的 HCl 和 NaOH 用于调节 pH。

表 3.1　合成废水组成及反应器中的初始水质

成分	浓度/(g/L)	水质指标	浓度/(mg/L)
淀粉	7	COD_{cr}	349~639
葡萄糖	17	TN	40~56
奶粉	16	NH_4^+-N	34~44
尿素	5	TP	6~13
KH_2PO_4	3		
NH_4Cl	110		
Na_2CO_3	90		
$MgSO_4 \cdot 7H_2O$	15		
$CaCl_2 \cdot 2H_2O$	15		

实验前事先从 SBR 中取出污泥混合液,沉淀后弃去上清液,用自来水洗涤 2~3 次,以去除残留的基质和可能有毒的生物代谢产物。使用离心、105℃烘干、550℃灼烧、称重的方法测此沉淀污泥的浓度,约 5000mgMLVSS/L,VSS/SS 约 0.94。

在短期动力学实验中微生物的启动现象很明显,这可能是由于细胞内的传输和转化过程引起的,当实验使用长期处于饥饿/内源呼吸状态的污泥时,分步投加基质会出现不同的初始行为,可以观察到微生物被逐步"唤醒"/激活的现象。所以,在实验前要用待测基质对污泥进行驯化。此工作可以在混合液恒温的过程中进行。

在测量污泥浓度期间,对污泥进行空曝使其进入内源呼吸。实验开始时首先打开温控,设定温度为 25℃。取 2L 浓缩污泥至混合呼吸测量仪的曝气室中,稀释至 4L,污泥浓度约 2500mgMLVSS/L,并向其中投加 ATU,浓度达到 20mg/L。打开蠕动泵使污泥混合液在曝气室、测量室和呼吸室中循环。打开呼吸仪测量软件,从内源呼吸速率开始记录。然后向曝气室中投加葡萄糖溶液 4mL,使呼吸仪中的基质浓度为 20mgCOD/L,通过软件观察呼吸速率的变化;2h 后(已经重新进入内源呼吸)再投加葡萄糖溶液 8mL,使呼吸仪中的基质浓度为 40mgCOD/L。如此交替反复,每个浓度重复 3 次。实验中通过 pH 变送器监视系统的 pH,调节 pH 在 7.5～8.5。实验总历时 12h。

葡萄糖为基质的实验完成后,重新更换污泥,进行以 HAc-NaAc 混合液为基质的实验,实验方法与葡萄糖的实验方法完全相同。

整个实验中投加的物质体积占混合液总体积的 1% 左右,每个周期内微生物生长不超过初始污泥浓度的 1%,体积和污泥浓度的变化均可以忽略。

3.1.2　结果与讨论

本书所开发的新型混合呼吸测量仪在两次连续 12h 的运行中在硬件和软件上都表现出了很好的稳定性,没有出现任何意外。一旦实验准备好以后,仪器就能自动运行,除了隔一段时间调节一次 pH 以外,几乎不需要人员参与。温控系统恒温效果良好,安装在三个不同位置的带有温度探头的 DO 传感器和 pH 传感器显示的温度差异很少超过 0.2℃。实验数据被以电子表格的形式自动保存在计算机上指定的位置。实验结果见图 3.1 和图 3.2,图中同时作出了两只 DO 传感器测量到的 DO 浓度的变化曲线。仅从这些曲线的形状上就可以看出实验结果良好的重现性。为了能够对这种重现性进行定量评价,选取了 OUR 曲线的峰高和峰面积

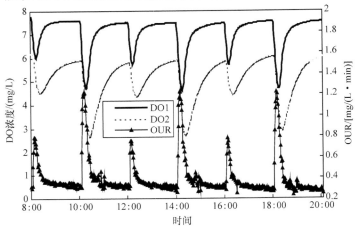

图 3.1　葡萄糖为基质时混合呼吸测量仪测量到的 DO 和 OUR 曲线

(低 OUR 峰值对应 4mL 投加量;高 OUR 峰值对应 8mL 投加量)

作为评价指标。峰高代表最大呼吸速率,在基质饱和情况下,主要由活性污泥微生物浓度(活性)决定;峰面积代表基质降解消耗的氧气量,主要由基质浓度和类型决定。两者都是一个呼吸测量的最基本的特征量,也是呼吸测量能够提供的最有用的信息。

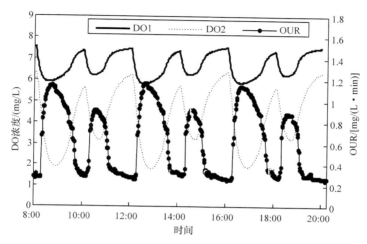

图 3.2　HAc-NaAc 混合液为基质时混合呼吸测量仪测量到的 DO 和 OUR 曲线
(低 OUR 峰值对应 4mL 投加量;高 OUR 峰值对应 8mL 投加量)

对图 3.1 和图 3.2 中两种基质在两个浓度下的三重样的峰值和峰面积进行统计分析,统计量包括均值 AVE、标准偏差 STD、变动系数 CV 和 95% 置信度下的置信区间。统计结果见表 3.2 和表 3.3。

表 3.2　新型混合呼吸仪长期运行稳定性实验统计分析结果(基质为葡萄糖)

基质类型		葡萄糖					
浓度(mg/L)		20			40		
三重样编号		1	2	3	1	2	3
峰高/ [mgO₂/ (L·min)]	测量值	0.73	0.66	0.70	1.19	1.16	1.13
	AVE		0.70			1.16	
	STD		0.035			0.03	
	CV(%)		5.04			2.59	
	置信区间(0.95)		0.70±0.04			1.16±0.03	
峰面积/ (mgO₂/L)	测量值	0.99	1.11	1.12	3.38	3.59	3.28
	AVE	1.07				3.42	
	STD		0.07			0.16	
	CV(%)		6.74			4.63	
	置信区间(0.95)		1.07±0.08			3.42±0.18	

表 3.3　新型混合呼吸仪长期运行稳定性实验统计分析结果（基质为 HAc-NaAc 混合液）

基质类型		HAc-NaAc 混合液					
浓度(mg/L)		20			40		
三重样编号		1	2	3	1	2	3
峰高/[mgO$_2$/(L·min)]	测量值	0.91	0.92	0.89	1.14	1.17	1.14
	AVE		0.91			1.15	
	STD		0.015			0.017	
	CV(%)	1.68				1.51	
	置信区间(0.95)		0.91±0.02			1.15±0.02	
峰面积/(mgO$_2$/L)	测量值	6.16	6.09	6.27	14.60	13.98	14.66
	AVE		6.17			14.41	
	STD		0.091			0.373	
	CV(%)		1.47			2.61	
	置信区间(0.95)		6.17±0.10			14.41±0.43	

　　由表 3.2 可以看出，以葡萄糖为基质时，所有测量的变动系数在 2.59%～6.74%，峰高测量的重现性好于峰面积，高浓度测量的重现性好于低浓度。但是在表 3.3 中，以 HAc-NaAc 混合液为基质时，所有测量的变动系数在 1.47%～2.61%，不同物理量之间和不同浓度之间的重现性没有明显区别。后者的测量结果的重现性高于前者，相同浓度下两者的峰高值基本相当，但峰面积相差 5 倍左右，表明葡萄糖作为基质时的耗氧量远远小于正常值，这与已有研究证实的葡萄糖不适合用作呼吸测量实验的模拟基质的结论一致。

　　不同浓度 HAc-NaAc 基质的连续多重实验结果的变动系数在 3%以内，95%置信度下置信区间的宽度都在均值的 6%以内，表明开发的新型混合呼吸仪在相同的实验条件下能够得到非常一致的结果，具有很好的长期运行稳定性。

3.2　基质加标回收实验

　　可生物降解基质(COD 或氨氮)在被微生物降解时，其浓度和耗氧量之间有着比较固定的化学计量关系：

$$COD(0) = (1-Y_H)\int OUR_{ex}(t)\,dt \tag{3.1}$$

$$NH_4^+\text{-}N(0) = (4.57-Y_A)\int OUR_{ex}(t)\,dt \tag{3.2}$$

　　利用化学计量关系通过呼吸实验来测量可生物降解基质的浓度是本书开发混合呼吸测量仪的主要目的之一。基质加标回收实验能够反映呼吸仪在这种用途上的效果,从而评价呼吸仪的准确性。

3.2.1　材料和方法

实验材料、实验条件和呼吸仪的操作与 3.1.1 节类似。不同的是除实验室污泥外,还利用污水处理厂的新鲜污泥进行了以 HAc-NaAc 混合液为基质的加标回收试验。此污泥取自重庆市某污水处理厂曝气池出水处,使用前进行了浓缩、淘洗、空曝和驯化处理。ATU 被用于抑制硝化。

有两种方法可用于评价呼吸仪的准确性。第一种方法是计算已知基质浓度对应的耗氧量,计算出两者的计量关系$(1-Y_H)$,进而得到 Y_H,与其理论值比较来判断测量的准确性。Marsili-Libelli 和 Tabani 利用这种方法进行自养硝化实验,把计算出的计量系数$(4.57-Y_A)$与理论值对比来考察呼吸仪的准确性[9]。但是,无论是自养菌的产率系数 Y_A 还是异养菌的产率系数 Y_H 都会随着污泥来源、基质类型和实验条件(初始基质和污泥浓度之比等)的不同而不同程度的偏离理论值,而且,基质浓度对这个参数比较敏感,参数值 10％的变化可以导致基质浓度估计值18％的变化[10]。因此,很难区分产率系数实测值与理论值之间的偏差是由于呼吸仪测量不准造成的还是实际情况就是如此。实际情况下的产率系数很难直接测量,这里提出一种建立校核曲线的方法:进行一系列浓度的呼吸实验,对基质浓度和耗氧量数据组进行线性回归,其斜率可以认为是$(1-Y_H)$。第二种方法是根据化学计量关系,利用前述得到的细胞产率系数计算其他加标量下的基质浓度,与实际加标浓度对比,来评价呼吸测量的准确性。

3.2.2　结果与讨论

图 3.3 是用实验室污泥得到的以葡萄糖为基质的校核曲线。图 3.4 是用实验室污泥得到的以 HAc-NaAc 为基质的校核曲线。图 3.5 是用污水处理厂新鲜污泥(以下简称污水厂污泥)得到的以 HAc-NaAc 为基质的校核曲线。对比这些校核曲线,再一次发现葡萄糖作为基质时的耗氧量远小于同等浓度的 HAc-NaAc,即对应的产率系数 Y_H 明显超出正常值范围,再次证明葡萄糖不适于用作呼吸测试的模拟基质。当以 HAc-NaAc 为基质时,其产率系数 Y_H 在正常值范围内,但不同的污泥也对应明显不同的值。这些结果证明,Y_H 确实受到基质类型和污泥来源的影响,说明很难通过直接对比产率系数实测值与理论值来评价呼吸仪的准确性。

得到校核曲线后,再对每种基质进行浓度分别为 20mgCOD/L 和 40mgCOD/L(此浓度不包含在校核曲线内)的呼吸实验,根据校核曲线得到的计量关系计算基质浓度,每个实验重复三次,统计回收率、测试结果的标准偏差和变动系数,结果见表 3.4。

由表 3.4 可以看出,所有测试结果的 CV 都在 4％以内,回收率在 89％～108％,不同的基质没有显著区别。把加标浓度为 20mg/L 的 9 个测试结果和浓度

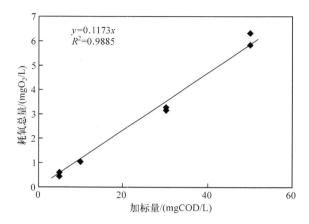

图 3.3 葡萄糖为基质时 COD 和耗氧量的校核曲线

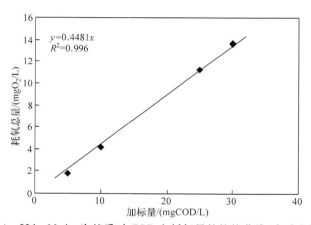

图 3.4 HAc-NaAc 为基质时 COD 和耗氧量的校核曲线（实验室污泥）

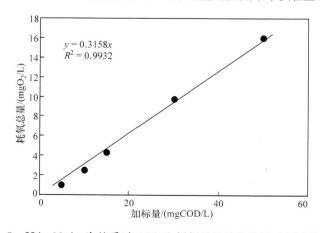

图 3.5 HAc-NaAc 为基质时 COD 和耗氧量的校核曲线（污水厂污泥）

表 3.4　加标回收实验统计分析结果

基质		葡萄糖		HAc-NaAc (实验室污泥)		HAc-NaAc (污水厂污泥)	
加标量/(mgCOD/L)		20	40	20	40	20	40
耗氧总量/ (mgO₂/L)	1	2.00	4.51	9.84	19.25	6.46	11.97
	2	2.15	4.47	9.21	19.98	6.44	11.22
	3	2.08	4.59	9.57	19.06	6.33	12.09
Y_H/(mgCOD/mgCOD)		0.883		0.552		0.680	
实测基质浓度/ (mgCOD/L)	1	17.09	38.43	21.96	42.96	20.19	37.41
	2	18.32	38.14	20.56	44.61	20.13	35.06
	3	17.72	39.12	21.35	42.56	19.78	37.78
	AVE	17.71	38.56	21.29	43.38	20.03	36.75
	STD	0.6151	0.5034	0.7021	1.0877	0.22	1.48
	CV/%	3.47	1.31	3.30	2.51	1.10	4.03
回收率/%	1	85.45	96.08	109.80	107.40	100.95	93.53
	2	91.60	95.35	102.80	111.53	100.65	87.65
	3	88.60	97.80	106.75	106.40	98.9	94.45
	AVE	88.55	96.41	106.45	108.45	100.17	91.88
实测基质浓度95%置信区间		19.68±1.07(20*),39.56±2.03(40*)					
回收率95%置信区间		98.39±5.37(20*),98.91±5.09(40*),98.65±3.59(所有加标浓度)					

* 加标浓度,mg/L。

为 40mg/L 的 9 个测试结果分别作为一组进行统计;不区分浓度和基质,对所有 27 个回收率进行统计。结果表明,由于总体样本数的增加,统计得到的实测值更加接近理论值,回收率达到 98%,测量值和回收率的 95% 置信区间的宽度为均值的 10% 左右。

　　Spanjers 等用 RA-1000 呼吸仪测量曝气池中的 RBCOD,CV 为 2%~6%[11];Witteborg 等用 RA-1000 呼吸仪测量进水中的 RBCOD,CV 在 15% 以内[12]。一般化学分析方法测定 COD 的准确度和精确性见表 3.5[13]。由此可以看出,本书开发的新型混合呼吸仪在测量可生物降解 COD 上的精度是令人满意的。

表 3.5　COD 化学分析方法的准确度和重现性

方法名称	加标浓度/ (mgCOD/L)	参加协作 实验室数	实验室内 CV/%	实验室间 CV/%	回收率/%	相对误差/%
重铬酸钾法	150	6	4.3	5.3	—	—
库仑法	50	13	1.4	2.8	—	2.0
	14~25.8	17	≤6.2	—	—	—
	88.4~105	13	≤8.3	—	—	—

续表

方法名称	加标浓度/ (mgCOD/L)	参加协作 实验室数	实验室内 CV/%	实验室间 CV/%	回收率/%	相对误差/%
快速密闭 催化消解法 （含光度法）	9.02	10	2.8～11.1	10.7	105.4	5.5
	90.2		1.0～4.3	4.7	103.1	3.1
	301.8		0.2～2.0	2.0	99.7	−0.26
	603.6		0.2～1.3	1.4	99.9	−0.1
节能加热法	140	7	1.5	3.1	86.0～97.2	—
	870		2.6	2.67	90.9～96.0	—

3.3　参数估计实验

活性污泥模型中引入了多达几十个化学计量学和动力学参数。虽然 IWA 在推出模型的同时给出了这些参数的典型值,但对于每一个具体案例应用,参数值都会有所变化。然而,由于时间、经济和技术的限制,不可能对每个参数进行实验测定。所以,模型校核成为在模型应用中在特定条件下获取这些参数的值的主要手段。模型校核分稳态和动态两个层次。稳态校核只能确定那些与污水处理厂长期行为相关的参数,如 Y_H、f_p、b_H 和进水 X_I 等[14,15]。事实上,系统输入量的变化通常比动力学参数变化快,因此,稳态校核无法很好地描述动态行为,仅可以用于获得动态校核的初始条件和参数的初值[16,17]。如果要描述和预测短期动态情形,必须用动态数据来校核模型。但是,由于无法从 WWTP 日常运行数据获取反应动力学信息,因此,需要进行额外的实验室实验来实现模型的动态校核[18],其核心工作是参数估计。目前研究最多的是以 OUR 为外部可测变量,运用特定的模型拟合OUR 曲线来得到模型参数值。

呼吸测量的频率和准确性对参数估计的准确性至关重要。本节将利用开发的新型混合呼吸测量仪对异养菌的好氧呼吸过程进行呼吸测量,通过模型拟合来估计该过程的模型参数。根据对参数估计结果的统计分析和对比评估呼吸仪的性能。

3.3.1　材料和方法

实验分别用实验室人工合成废水培养的污泥和污水处理厂的新鲜污泥进行,污泥都要经过洗涤、驯化和空曝等处理。有机基质是浓度为 20g/L 的 HAc-NaAc

溶液,20mg/L 的 ATU 用于抑制硝化,温度为 25℃,pH 为 7.5~8.5。用实验室污泥进行实验时,污泥浓度为 2500mgMLVSS/L,MLVSS/MLSS＝0.94,初始 COD 浓度为 50mg/L;用污水厂污泥进行实验时,污泥浓度为 1100mgMLVSS/L,MLVSS/MLSS＝0.77,初始 COD 浓度为 40mg/L;实验过程与 3.1 节和 3.2 节类似。

根据基质降解与 OUR 之间的关系可以得到式(3.3):

$$-\frac{\mathrm{d}S_S}{\mathrm{d}t}(1-Y_\mathrm{H}) = -\frac{\mathrm{d}S_O}{\mathrm{d}t} = \mathrm{OUR}_\mathrm{ex}(t)$$

$$\Rightarrow S(t) = S(0) - \frac{\int_0^t \mathrm{OUR}_\mathrm{ex}(t)\mathrm{d}t}{1-Y_\mathrm{H}} \tag{3.3}$$

$$\mathrm{OUR}_\mathrm{ex}(t) = \mu_\mathrm{max}X_\mathrm{H}\frac{1-Y_\mathrm{H}}{Y_\mathrm{H}}\frac{S(t)}{K_S+S(t)} \tag{3.4}$$

把式(3.3)代入式(3.4),得式(3.5)

$$\mathrm{OUR}_\mathrm{ex}(t) = \mu_\mathrm{max}X_\mathrm{H}\frac{1-Y_\mathrm{H}}{Y_\mathrm{H}}\frac{S(0)(1-Y_\mathrm{H})-\int_0^t \mathrm{OUR}_\mathrm{ex}(t)\mathrm{d}t}{K_S(1-Y_\mathrm{H})+\left[S(0)(1-Y_\mathrm{H})-\int_0^t \mathrm{OUR}_\mathrm{ex}(t)\mathrm{d}t\right]} \tag{3.5}$$

设

$$A = \mu_\mathrm{max}X_\mathrm{H}\frac{1-Y_\mathrm{H}}{Y_\mathrm{H}}$$

$$B = K_S(1-Y_\mathrm{H})$$

$$C = S(0)(1-Y_\mathrm{H})$$

则可以得到式(3.6)

$$\mathrm{OUR}_\mathrm{ex}(t) = A\cdot\frac{C-\int_0^t \mathrm{OUR}_\mathrm{ex}(t)\mathrm{d}t}{B+\left[C-\int_0^t \mathrm{OUR}_\mathrm{ex}(t)\mathrm{d}t\right]} \tag{3.6}$$

式中,A、B、C 是可以识别的三个参数组合;μ_max 为异养菌最大比生长速率。

得到的 OUR 曲线经历内源呼吸段、上升段、稳定段、下降段,最后再次进入内源呼吸段,能够用于式(3.6)拟合的是从稳定段开始。拟合工作在 Matlab 软件上完成。每个实验都进行三重样。

3.3.2 结果与讨论

图 3.6 是使用实验室污泥进行实验得到的呼吸速率曲线及其拟合线,图 3.7 是用污水处理厂污泥进行实验得到的呼吸速率曲线及其拟合线。对比两组图,它们的呼吸过程存在明显的差异。实验室污泥实验使用的污泥浓度高,而且这些污泥长期用合成废水培养,有机成分高,活性成分也高,导致呼吸速率很高,最大 OUR 约为使用污水厂污泥进行的实验的最大 OUR 的两倍,基质很快被降解到饱和浓度以下,最大 OUR 的平台几乎没有明显的持续段,整个 OUR 曲线呈持续下降态势。用污水厂污泥进行的呼吸实验污泥浓度和活性都较低,导致最大 OUR 也较低,投加的基质远大于半饱和浓度,最大 OUR 的平台持续了近 20min,之后便进入快速下降阶段,这种 OUR 曲线的形状与 Monod 方程的理想曲线形式非常吻合。对参数估计结果的统计分析列于表 3.6 中。

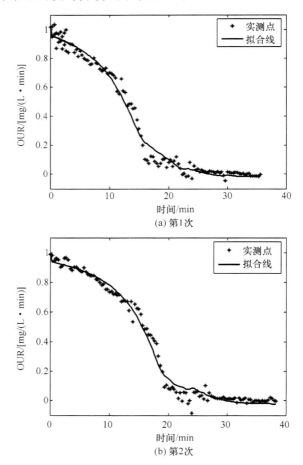

(a) 第1次

(b) 第2次

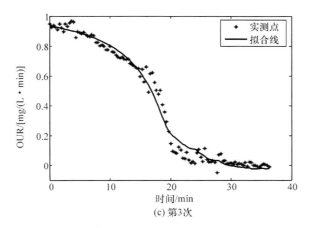

(c) 第3次

图 3.6　HAc-NaAc 混合液投入实验室合成污泥(COD＝50mg/L)的 OUR 曲线

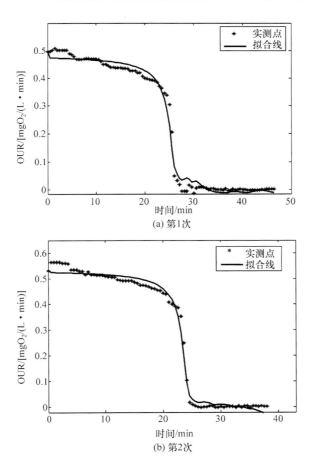

(a) 第1次

(b) 第2次

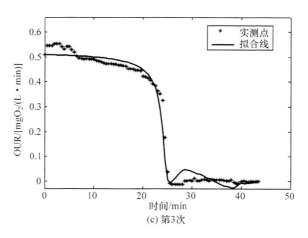

(c) 第3次

图 3.7　　HAc-NaAc 混合液投入污水厂污泥(COD=40mg/L)的 OUR 曲线

表 3.6　参数估计实验统计分析结果

污泥	参数	1	2	3	AVE	STD	CV/%	95%置信区间
实验室污泥	A	1.141	1.081	1.061	1.094	0.041	3.78	1.094±0.047
	B	2.528	2.137	2.059	2.241	0.252	11.23	2.241±0.284
	C	11.867	14.292	15.329	13.829	1.777	12.85	13.829±2.011
污水厂污泥	A	0.489	0.536	0.522	0.515	0.026	5.09	0.515±0.027
	B	0.290	0.249	0.279	0.273	0.021	7.77	0.273±0.024
	C	11.332	11.701	11.623	11.552	0.195	1.68	11.552±0.220

　　由表 3.6 可以看出,实验室污泥实验参数估计的 CV 在 3.78%~12.85%,95%置信度下置信区间的宽度是均值的 8.59%~29%;污水厂污泥实验参数估计的 CV 在 1.68%~5.09%,95%置信度下置信区间的宽度是均值的 3.81%~17.58%。后者重现性明显优于前者,正如上面所分析的,这是由前者的实验条件(主要是初始基质浓度和污泥浓度之比)不佳引起的。从表中还可以看出,参数组合 B,即 $(1-Y_H)K_S$ 的估计偏差明显大于参数组合 A,即 $\mu X_H(1-Y_H)/Y_H$ 的估计偏差,特别是实验室污泥实验,前者的偏差约为后者偏差的 3 倍。这与以往所有的研究完全一致。Vanrolleghem 和 Keesman 认为参数估计的偏差在 5%~20%,包含 μ_{max} 的参数组合误差较小,包含 K_S 的参数组合误差较大[19];Grady 等也发现类似现象:μ_{max} 的 CV 小于 10%,K_S 的 CV=26-60%[20]。Kong 等使用 RODTOX 呼吸仪进行自养菌和异养菌的呼吸测试,分别用单 Monod 模型拟合和双 Monod 模型拟合的方法来估计碳氧化过程和硝化过程的微生物最大比生长速率和半饱和系数,参数估计的变动系数见表 3.7[21]。

表 3.7　Kong 等的参数估计实验结果的变动系数[21]

	参数	$\mu_{max, H}$	$K_{S, H}$	$\mu_{max, A}$	$K_{S, A}$
CV/%	单 Monod 模型拟合	20.5	40	28	65.7
	双 Monod 模型拟合	21.8	32.7	7.8	32.1

施汉昌等对共轭梯度法、最速下降法、线性回归法和单参数法四种参数估值的算法进行了对比研究,认为单参数法在精度、多次平均偏差、稳定性和计算量方面都有优势,并且利用这种算法,以自行开发的快速生物活性检测仪(RBAT)进行呼吸测量实验,对自养过程和异养过程的参数进行估计,结果见表 3.8[22,23]。

表 3.8　施汉昌等的参数估计实验结果的变动系数[23]

参数	A_H*	B_H*	A_A*	B_A*
CV/%	3.52	19.40	15.46	15.04

* H 代表异养菌,A 代表自养菌。

通过这些文献可以看出,在以 OUR 为外部可测变量的参数估计中,最大估计偏差甚至达到 60% 以上,20% 以内的 CV 都是比较理想的。而利用混合呼吸仪开展呼吸实验得到的参数估计的 CV 即使在初始实验条件不佳的情况下也在 12% 以内,实验条件合适时的 CV 甚至在 8% 以内,大大小于文献报道的相关数据表明新呼吸仪高的测试频率和测量精度大大改善了参数估计的精度。

利用前面的方法,在 OUR 已知的情况下,能够被识别的是几个参数的组合,单个参数并不能被识别。Holmberg 研究了异养菌降解基质的 Monod 模型,认为假定基质和微生物浓度都能测量,那么,所有的参数在理论上都可以识别[24];在相似的研究中,Chappell 等认为如果只有微生物浓度可测量,那么不可能在理论上识别所有的参数[25]。Dochain 等运用泰勒展开和非线性变换等方法研究了各种呼吸模型的结构可识别性,结果表明,在忽略微生物生长、只有 OUR 可以测量的条件下,只有部分基质异养降解模型的参数理论可识别;然而,如果考虑微生物的生长,则可以改善参数的可识别性[26]。Julien 等研究了 ASM1 的简化本的结构可识别性,模型由好氧和缺氧两个亚模型组成,分别包含三个微分方程和两个微分方程,采用的方法是局部状态同构和非线性模型的线性化[27,28]。Keesman 等研究了批式反应器中 DO 不受限的条件下活性污泥内源呼吸模型的可识别性,该模型来源于 ASM1,含有 6 个参数(μ_m、Y、K_S、K_h、f_p、b),结果表明:如果可测变量只有内源呼吸速率,那么 K_h、f_p、μ_{max} 和 K_S 的组合以及 Y、K_S 和 b 的组合是可以识别的;如果混合液中挥发性悬浮固体也可以测量,那么有 5 个参数可以识别:Y、K_h、f_p、b、μ_{max} 和 K_S 的组合[29]。Petersen 等综合利用呼吸测量和滴定测量对 ASM1 的两步硝化模型参数可识别性进行研究,认为模型的结构可识别性可以通过改变模型结构(引入其他可测变量)来改善[30]。

若投加的基质浓度 $S(0)$ 是已知的,那么,根据表 3.6 的结果,参数的可识别性确实可以进一步改进,Y_H、K_S 和 $\mu_{max}X_H$ 可以被估计,结果见表 3.9。

表 3.9　参数估计实验统计分析结果

污泥	参数	1	2	3	AVE	STD	CV/%	95%置信区间
实验室污泥	$\mu_{max}X_H$	3.67	2.70	2.40	2.92	0.664	22.74	2.92±0.751
	K_S	10.65	7.48	6.72	8.28	2.085	25.18	8.28±2.359
	Y_H	0.76	0.71	0.69	0.72	0.036	5.00	0.72±0.041
污水厂污泥	$\mu_{max}X_H$	1.24	1.30	1.27	1.27	0.03	2.36	1.27±0.034
	K_S	1.02	0.85	0.96	0.94	0.086	9.15	0.94±0.098
	Y_H	0.72	0.71	0.71	0.71	0.006	0.85	0.71±0.007

由表 3.9 可以看出,对于相同的基质,两种污泥的产率系数几乎相同,与 IWA 给出的 0.67 的典型值(20℃)比较接近。但两种污泥的半饱和系数却相差近 10 倍,IWA 在 ASM2 中给出的该参数的典型值为 4mg/L,在 ASM3 中给出的典型值分别为 2mg/L(外源易生物降解 COD)和 1mg/L(胞内贮存 COD),由此可见,污水厂污泥的半饱和系数与典型值较接近,而实验室污泥的半饱和系数远高于典型值,这可能是由于长期合成废水培养使污泥性质发生明显变化的原因。过高的半饱和系数也是在相同的初始基质浓度下实验室污泥的呼吸速率持续下降,而污水厂污泥的呼吸速率能够保持最大呼吸速率一段时间的原因,前者在基质投加后不久即进入基质不饱和状态。Y_H 估计的 CV 最小,K_S 估计的 CV 最大。污水厂污泥的参数估计实验的 CV 仍在 10%以内。

3.4　毒性评价实验

小规模或季节性的工业生产排放的工业废水未经处理就进入城市污水处理厂的现象很普遍,而且,出于经济上的考虑,工业废水和生活污水联合处理已经成为一种趋势,这增加了有毒物质进入城市污水处理厂的可能性。毒性物质进入污水处理厂造成的后果是过程不稳定,导致有效菌种被洗出,有时候这种失败几乎没有任何前兆[31]。因此,有毒物质对活性污泥的毒性影响和城市污水处理厂进水毒性的检测、预警以及减缓策略的研究正广泛的开展。

物质对微生物的毒性可以从以下几个方面进行检测:生长速率、生物量、细胞数(浊度测量、重量测量、分光光度法、电化学、微量热法、电子细胞计数、生物化学测试、直接观察等)和生物化学特性,如酶活性/代谢产物、基质变化(脱氢酶、荧光素酶、腺苷三磷酸酶、磷酸酶、脲酶、酯酶)[32]。但是,这些方法反映了抑制剂对单一纯酶的抑制作用,这种结果不能扩展到多种微生物共存的活性污泥系统,在这一系统中毒性组分以不同方式抑制多种酶。目前经常用于活性污泥毒性检测的 Microtox 使用的是特定纯菌种的发光原理,这就需要一些特定的基因或反应物来产生光。这种方法得到的生物毒性测试结果并不总是与生化方面的原因相关,但同样会得到微生物活性降低的结论,因此,这种方法可能并不适用于活性污泥。而且,Microtox 得到的半抑制浓度 IC_{50} 一般低于呼吸法,可能是由于呼吸法使用的污泥的生存环境复杂,对毒性冲击具有较强的耐受性。Dalzell 等对比了硝化抑制、ATP 发光、呼吸测量、酶抑制和 Vibrio fischeri 五种毒性检测方法发现,呼吸法的测试成本最低,耗用的时间最少,并且与活性污泥行为最相关[33]。

呼吸测量法的测试结果能真实反映毒性物质对活性污泥的影响,这已经成为一种共识,尽管由于测试仪器和具体控制策略方面的原因还没能在实践中广泛应用,但这种方法显现出来的巨大潜力已经引起了研究人员的极大兴趣和广泛关注。

本节以开发的新型混合呼吸测量仪评价了酸性 pH 和三种重金属离子(Cu^{2+}、Zn^{2+}、Cr^{6+})对活性污泥的抑制影响。通过对测试结果的统计分析及其与文献报道结果的对比来评估新型混合呼吸测量仪作为毒性测试工具的可行性和可靠性。选择酸性 pH 和这三种重金属离子作为毒性因子,是因为它们是电镀废水的主要污染物。在我国一些城市,电镀企业多而规模小,电镀废水缺乏有效的处理,可能对城市污水处理厂的正常运行构成威胁。

3.4.1　材料和方法

定量评价毒性抑制的方法有两种:一种是根据毒性物质投加前后最大 OUR 的变化来确定抵制百分比 q,如式(3.7);另一种是从估计到的参数变化来考察抑制程度。

$$q = \frac{OUR_{前} - OUR_{后}}{OUR_{前}} \times 100\% \qquad (3.7)$$

经济合作与发展组织(Organisation for Economic Co-operation and Development,OECD)方法 209 条款对单一毒物的毒性评估规定了如下程序:以醋酸盐为底物的最大比呼吸速率为参照,测量毒性物质浓度逐渐增加时的最大比呼吸速率,计算出抑制百分数,得出其与浓度的关系曲线,从曲线中得出 EC_{50}[34]。本节的工作基本按照这一程序进行,只是考虑到实验中污泥浓度相同而没有计算比最大呼吸速率,直接用最大呼吸速率。

污泥取自城市污水处理厂并在实验室用合成废水(配方见表 3.1)培养,

20gCOD/L 的等摩尔的 HAc-NaAc 混合液作为有机基质的贮备液,分别用分析纯级别的 $CuSO_4 \cdot 5H_2O$、$ZnSO_4 \cdot 7H_2O$ 和 $K_2Cr_2O_7$ 配制浓度为 6.4g Cu^{2+}/L、10gZn^{2+}/L 和 15gCr^{6+}/L 的毒性物质贮备液。2mol/L 的 HCl 用于调节 pH。

　　实验前首先取污泥进行浓缩、洗涤、空曝和驯化处理,然后把污泥接种到呼吸仪的反应器中,用自来水稀释至总体积为 4L,污泥浓度为 1500mgMLVSS/L,并加入 ATU 20mg/L 抑制可能存在的硝化反应。系统恒温后,从内源呼吸开始,首先向呼吸仪曝气室中投加 HAc-NaAc 混合液至基质浓度为 30mgCOD/L,测量正常 pH(7.73 左右)或者无毒性物质时的呼吸速率曲线,以此最大 OUR 为参考;待重新进入内源呼吸后,再投加相同量的基质,同时投加一定量的毒性物质或酸性溶液,测量不同 pH 或毒性物质浓度下的呼吸速率曲线和最大 OUR,利用式(3.7)计算该浓度或 pH 下的抑制百分比。通过一系列实验得出抑制百分比和毒性物质浓度或 pH 之间的关系曲线,从曲线中得出半抑制浓度(IC_{50})。每个抑制实验进行三重样测试。根据文献报道的毒性物质的 IC_{50} 来确定实验测试浓度范围,以便可以通过实测值的内插而非外推来计算 IC_{50}。实验采用的 pH 和毒性物质浓度见表 3.10。

表 3.10　实验采用的 pH 和毒性物质浓度

毒性物质和 pH			pH 或浓度(mg/L)				
pH	7.73	6.73	5.73	4.73	3.73	2.73	1.73
Cu^{2+}	0	1.25	2.50	3.50	5.00	7.50	10.00
Zn^{2+}	0	10	30	50	70	90	—
Cr^{6+}	0	10	20	40	50	60	70

3.4.2　结果与讨论

1. 酸性 pH 对污泥活性的抑制

　　从污泥的正常 pH7.73 开始,每次降低一个 pH 单位,得到的 OUR 曲线如图 3.8 所示,不同 pH 下的最大 OUR 和污泥受到的抑制百分比见表 3.11。从图中可以看出,直到 pH 降低到 4.73,污泥都没有受到抑制。从 pH=3.73 开始,污泥活性受到轻微抑制,在其后的 2 个 pH 单位的降低使抑制百分比增加为 10 倍,达到约 50%。这表明活性污泥对酸性环境有很强的耐受能力,即使在很强的酸性环境中还能维持一定的活性,与施汉昌等的结论一致。

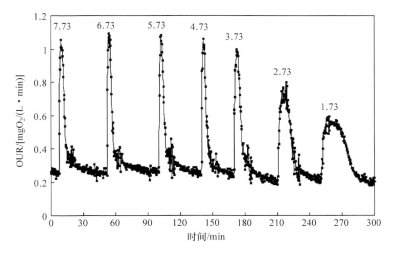

图 3.8　不同 pH 下的异养过程 OUR 曲线

表 3.11　不同 pH 下的最大 OUR 和抑制百分比

pH	OUR_{max}/$[mgO_2/(L \cdot min)]$	抑制百分比/%
7.73	1.06	—
6.73	1.08	—
5.73	1.08	—
4.73	1.06	—
3.73	1.00	5.66
2.73	0.80	24.53
1.73	0.55	48.11

2. 重金属对污泥活性的抑制

每种重金属的毒性抑制实验都进行了三重样测试,本书只以其中一次连续实验得到的 OUR 曲线随重金属离子浓度增加的变化实验结果作为示例,见图 3.9～图 3.11。根据这些实验测量结果,利用式(3.7)计算每个重金属离子浓度下的抑制百分数并绘制成图,见图 3.12～图 3.14。

结果表明,这三种重金属离子对活性污泥有明显不同的抑制特性:Cu^{2+} 在很低的浓度下其抑制百分比就随浓度的增加而快速增加,当抑制百分比达到 80% 以上时,增加的趋势逐步减缓;Zn^{2+} 的抑制百分比随浓度的增加一直处于缓慢增加的态势,浓度增加了 9 倍,而抑制百分比只增加了 5 倍不到;在浓度低于约 40mg/L 的范围内,随浓度的增加,Cr^{6+} 的抑制百分比的增加相对较缓,当浓度大于 40mg/L 后,增加的速度迅速上升。

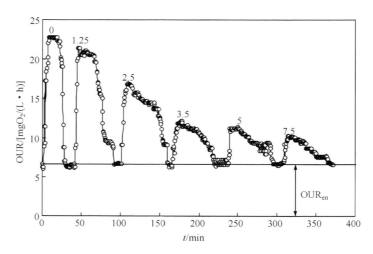

图 3.9　投加 30mgCOD/L HAc-NaAc 时 OUR 随 Cu^{2+} 浓度的变化

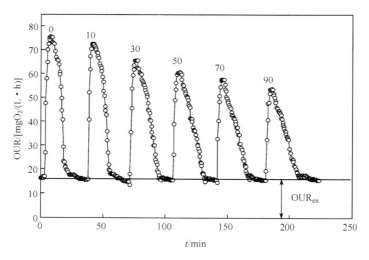

图 3.10　投加 30mgCOD/L HAc-NaAc 时 OUR 随 Zn^{2+} 浓度的变化

　　半抑制浓度 IC_{50} 是反映毒性物质毒性大小的常用指标。为了得到这一指标,需要对上述的抑制百分比和浓度进行拟合。对每个毒性实验结果进行拟合,见图 3.12~图 3.14。由图可以看出,Cu^{2+} 和 Zn^{2+} 的抑制百分比和浓度的关系符合对数关系,而 Cr^{6+} 的抑制百分比和浓度的关系符合指数关系,而且相关性很好,相关系数多数在 0.98 以上。根据这些回归方程,计算每个实验得到的 IC_{50},并对其进行统计分析,结果见表 3.12。由于在实验容许的范围内(主要是毒性物质溶液添加的体积)Zn^{2+} 没有达到 50% 抑制,所以在表 3.12 中同时列出了它的 IC_{20}。

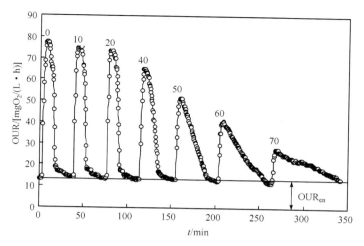

图 3.11 投加 30mgCOD/L HAc-NaAc 时 OUR 随 Cr^{6+} 浓度的变化

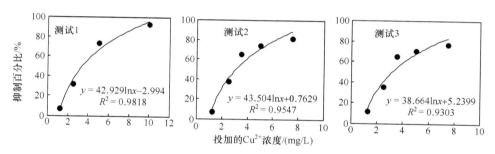

图 3.12 抑制百分比和 Cu^{2+} 浓度关系

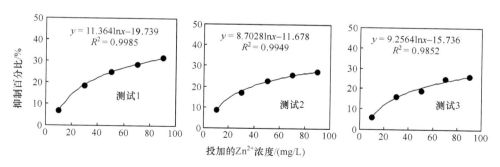

图 3.13 抑制百分比和 Zn^{2+} 浓度关系

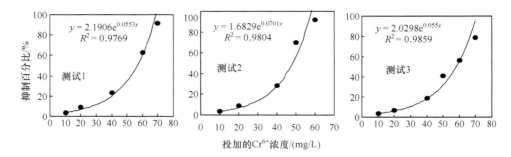

图 3.14　抑制百分比和 Cr^{6+} 浓度关系

表 3.12　三种重金属 IC$_{50}$ 的统计分析结果

指标		测试 1	测试 2	测试 3	AVE	STD	CV/%	95% 置信度下置信区间
IC$_{50}$/ (mg/L)	Cu^{2+}	3.44	3.10	3.18	3.24	0.18	5.56	3.24±0.20
	Cr^{6+}	56.56	48.38	58.26	54.40	5.28	9.71	54.40±5.98
	Zn^{2+}	462.59	1196.49	1214.01	957.70	428.86	44.78	957.70±485.30
IC$_{20}$/(mg/L)	Zn^{2+}	33.01	38.09	47.50	39.53	7.35	18.59	39.53±8.32

由表 3.12 可以看出,在所测试的三种重金属中,Cu^{2+} 对活性污泥的抑制最强,IC$_{50}$ 为 3.24 mg/L,测试的变动系数最小,为 5.56%;Cr^{6+} 的毒性居中,IC$_{50}$ 为 54.40mg/L,测试的变动系数也居中,为 9.71%;Zn^{2+} 的毒性最弱,IC$_{50}$ 为 957.70mg/L,测试的变动系数最大,为 44.78%。这可能是因为 IC$_{50}$ 过高,没有包含在实验的浓度范围内,只能通过回归方程的外推来计算 IC$_{50}$,导致结果偏差较大。为此,计算了 Zn^{2+} 的 IC$_{20}$,结果偏差降低为 18.59%,减小了 58.49%。

表 3.13 收集了一些文献报道的毒性测试的结果,测试的毒性物质包括各种有机物和重金属,测试方法包括 Microtox 法、ATP 发光和呼吸测量等。所有这些测试的变动系数在 1.87%~109.76%,只有约三分之一测试的变动系数在 10% 以内,就呼吸测量法而言,也只有一半的测试的变动系数在 10% 以内。Tzoris 等使用自行开发的基于气相原理的 Baroxymeter 呼吸仪进行毒性测试,结果表明 CV 为 12%[32];Strotmann 等用刃天青还原法的平均 CV 为 10%[35]。Gutierrez 等用电解质呼吸仪进行的毒性抑制实验的 CV 为 9.2%~30.7%[36]。本书用新开发的混合呼吸测量仪测试的三种重金属的毒性的实验结果有两组的 CV 在 10% 以内,说明其在毒性测试方面性能是令人满意的。

表 3.13　文献报道的毒性测试结果

毒性物质	受试对象	测试方法	IC_{50}/(mg/L)	STD	CV/%	参考文献
3,5-DCP	*V. fischeri*	Microtox	3.39	0.3	8.85	[36]
3,5-DCP	*V. fischeri*	Microtox	3.42	—	10.4	[33]
3,5-DCP	*V. fischeri*	Microtox	3.36	—	14.5	[33]
3,5-DCP	*V. fischer*	Microtox	3.5	0.52	15.11	[34]
3,5-DCP	A.S.	Respirometry	12.97	3.98	30.7	[36]
3,5-DCP	A.S.	Respirometry	5.19	0.54	10.52	[34]
Trichloroethylene	A.S.(A)	Respirometry	0.75	—	—	[37]
Trichloroethylene	*V. fischer*	Microtox	9.84	1.2	12.20	[36]
Trichloroethylene	A.S.	Respirometry	81.39	8.7	10.69	[36]
γ-HCH	*V. fischer*	Microtox	40.89	3.5	8.56	[36]
γ-HCH	A.S.	Respirometry	72.56	4.1	5.65	[36]
PCP	*V. fischer*	Microtox	0.82	0.9	109.76	[36]
PCP	A.S.	Respirometry	107.7	18	16.71	[36]
DCA	*V. fischer*	Microtox	0.40	0.05	12.50	[36]
DCA	A.S.	Respirometry	8.07	0.61	7.56	[36]
Toluene	A.S.	Respirometry	93.65	3.6	3.84	[36]
Toluene	*V. fischer*	Microtox	18.88	1.07	5.67	[36]
Formaldehyde	A.S.	Respirometry	62.69	6.4	10.21	[34]
Formaldehyde	*V. fischer*	Microtox	8.1	0.63	7.8	[34]
4-Nitrophenol	*V. fischer*	Microtox	8.76	0.52	6.03	[34]
4-Nitrophenol	A.S.	Respirometry	149.9	2.81	1.87	[34]
Dichloromethane	A.S.	Respirometry	2590	138	5.31	[34]
Dichloromethane	*V. fischer*	Microtox	3500	500	14.28	[34]
Cd^{2+}	*V. fischer*	Microtox	4.7	0.6	12.77	[36]
Cu^{2+}	A.S.(A)	Respirometry	0.08	—	—	[37]
Cu^{2+}	A.S.	NC	40	—	—	[37]
Cu^{2+}	A.S.	Respirometry	~64	—	—	[33]
Cu^{2+}	A.S.	ATP.L	~5	—	—	[33]
Cu^{2+}	*V. fischer*	Microtox	0.19	0.02	10.53	[36]
Zn^{2+}	A.S.	ATP.L	~10000	—	—	[33]
Zn^{2+}	A.S.	Respirometry	~100	—	—	[33]
Zn^{2+}	*V. fischer*	Microtox	0.68	—	22.5	[33]
Zn^{2+}	*V. fischer*	Microtox	0.76	—	26.3	[33]

由于 pH、抑制剂的浓度和溶解度、微生物种类、污泥浓度、泥龄、存在的其他离子和分子的浓度等都会影响毒性物质的抑制程度,因此不同文献报道的同一种毒性物质的 IC_{50} 值相差非常大。在表 3.13 中,Cu^{2+} 的 IC_{50} 在 0.08~64mg Cu^{2+}/L 之间。施汉昌等发现以乙酸为底物时污泥活性在 Cu^{2+} 浓度从 0 上升到 10mg/L 时下降很快,超过 10mg/L 后,活性对 Cu^{2+} 浓度的增加不敏感[23]。Kong 等发现随 Cu^{2+} 浓度增加,$\mu_{max,H}$ 减小,$K_{S,H}$ 在 10mg Cu^{2+}/L 以内时增加,大于 10mg Cu^{2+}/L 后减小,这解释了 Cu^{2+} 浓度在 10mg/L 以内污泥活性随浓度增加下降较快而后变缓的原因[21]。Vanrolleghem 等确定污泥对 Cu^{2+} 的毒性敏感浓度为 10mg Cu^{2+}/L[38]。本章得到的 Cu^{2+} 对活性污泥的 IC_{50} 为 3.24mg/L,5 mg/L 时抑制百分比就达到 70%以上,10mg/L 时达到 90%以上,与已有这些研究结果非常一致。

相对于 Cu^{2+},Zn^{2+} 的毒性非常小,Madoni 等证实 Cu^{2+}＞Zn^{2+}[39]。表 3.13 中的文献显示,Zn^{2+} 对活性污泥的 IC_{50} 至少在 100mg/L 以上,最大甚至达到约 10000mg/L 这个数量级。本章得到的值为 957mg/L,表明 Zn^{2+} 对活性污泥的毒性确实很小。但对于其他纯菌种,Zn^{2+} 却表现出很强的毒性,如对 *V. fischer* 这种 Microtox 毒性测试仪专用的微生物,Zn^{2+} 的 IC_{50} 在 1mg/L 以下(表 3.13)。Madoni 等研究表明 0.5mg/L Zn^{2+} 对 Nitrosomonas 有毒,3mg/L Zn^{2+} 对硝化菌抑制 100%。由此可见使用不同测试方法的结果的巨大差异[39]。

Cr 的毒性与其价态有关,Cr^{3+} 能在细胞膜上积累,而 Cr^{6+} 能进入细胞并被还原为 Cr^{3+},进而与胞内物质反应。有研究发现,在恒化培养中,11mg/L Cr^{6+} 足以使活性污泥细菌的最大比生长速率降低、半饱和系数升高[40];Madoni 等发现 50%抑制至少需要 100~200mg Cr^{6+}/L[39];Madoni 等发现 293mg Cr^{6+}/L 可以使活性污泥中微生物数量减少 90%,纤毛类原生动物种类由 16 种减为 8 种[41]。本书发现 Cr^{6+} 对活性污泥的 IC_{50} 为 54.4mg/L,毒性位于 Cu^{2+} 和 Zn^{2+} 之间。

3.5　本 章 小 结

本章通过一系列具体的应用对开发的新型混合呼吸测量仪的稳定性、准确性和重现性等性能进行了评估,结果表明:

(1) 在不同基质种类和浓度下进行了两次连续 12h 的运行,以得到的呼吸速率曲线的峰高和峰面积作为定量评价指标,结果表明所有测量的变动系数在 3%以内,95%置信度下置信区间的宽度都在均值的 6%以内,证实本书开发的新型混合呼吸测量仪在相同的实验条件下能够得到非常一致的结果,具有很好的长期运行稳定性。

(2) 分别以葡萄糖和 HAc-NaHAc 混合物为易生物降解基质,对每种基质进行了两个浓度下的加标回收实验,结果表明回收率在 89%~108%,所有测试结果的 CV 都在 4% 以内,测量结果的准确度和精度甚至与化学分析方法相当。由此可以看出,本书开发的新型混合呼吸测量仪在测量可生物降解 COD 上的精度是令人满意的。

(3) 以新型混合呼吸测量仪分别对实验室污泥和污水处理厂污泥的异养菌好氧呼吸过程进行测量,使用模型拟合测量到的 OUR 曲线来对模型参数进行估计,参数估计的变动系数在 12% 以内,大大小于文献报道的相关数据,表明新呼吸仪高的测试频率和测量精度大大改善了参数估计的精度。

(4) 使用混合呼吸仪进行的呼吸测量对酸性 pH 和 Cu^{2+}、Zn^{2+}、Cr^{6+} 三种重金属对活性污泥的抑制影响进行了评估。结果表明,污泥对酸性环境有很强的耐受能力;三种重金属对活性污泥的毒性影响的行为明显不同,本实验得到的它们的半抑制浓度在已有文献报道的范围内,Cu^{2+} 的毒性最强,Zn^{2+} 的毒性最弱;除 Zn^{2+} 的毒性测试外,其他两种重金属的毒性测试实验结果的变动系数在 10% 以内,明显优于多数文献报道的结果。

参 考 文 献

[1] Young E T, Lant P A, Greenfield P F. In situ respirometry in an SBR treating wastewater with high phenol concentrations [J]. Water Research, 2000, 34(1): 239-245.

[2] Nakhla G F, Al-Harazin I M, Farooq S. Critical solids residence time for phenolic wastewater treatment [J]. Environmental Technology, 1994, 15: 101-114.

[3] Brenner A, Chozick R, Irvine R L. Treatment of a high-strength, mixed phenolic waste in an SBR [J]. Water Environment Research, 1992, 64: 128-133.

[4] Temmink H, Vanrolleghem P, Klapwijk A, et al. Biological early warning system for toxicity based on activated sludge respirometry [J]. Water Science and Technology, 1993, 28 (11-12): 415.

[5] de Bel M, Stokes L, Upton I, et al. Application of a respirometry based toxicity monitor [J]. Water Science and Technology, 1996, 33(1): 289-296.

[6] Copp J B, Spanjers H. Simulation of respirometer-based detection of activated sludge toxicity [J]. Control Engineering Practice, 2004, 12, 305-313.

[7] 吉芳英, 罗固源, 杨琴, 等. 活性污泥外循环 SBR 系统的生物除磷能力[J]. 中国给水排水, 2002, 18(5): 1-5.

[8] 刘燕, 王越兴, 莫华娟, 等. 有机底物对活性污泥胞外聚合物的影响[J]. 环境化学, 2004, 23(3): 252-257.

[9] Marsili-Libelli S, Tabani F. Accuracy analysis of a respirometer for activated sludge dynamic modeling [J]. Water Research, 2002, 36: 1181-1192.

[10] Mayhieu S, Etienne P. Estimation of wastewater biodegradable COD fractions by combining respirometric experiments in various S0/X0 ratios [J]. Water Research, 2000, 34 (4): 1233-1246.

[11] Spanjers H,Olsson G,Vanrolleghem P A,et al. Determining influent short-term biochemical oxygen demand by combined respirometry and estimation [J]. Water Science and Technology,1993,28 (11-12):401-404.

[12] Witteborg A,van der Last A,Hamming R,et al. Respirometry for determination of the influent SS-concentration [J]. Water Science and Technology,1996,33:311-323.

[13] 国家环境保护总局《水和废水检测分析方法》委员会. 水和废水检测分析方法[M]. 第四版. 北京:中国环境科学出版社,2002:210-220.

[14] Henze M,Gujer W,Mino T,et al. Activated sludge model No. 2d,ASM2D [J]. Water Science and Technology ,1999,39(1):165-182.

[15] Nowak O,Franz A,Svardal K,et al. Parameter estimation for activated sludge models with help of mass balances [J]. Water Science and Technology,1999,39(4):113-120.

[16] Dupont R,Sinkjer O. Optimisation of wastewater treatment plants by means of computer models [J]. Water Science and Technology,1994,30(4):181-190.

[17] Kristensen H G,la Cour Janssen J,Elberg J P. Batch test procedures as tool for calibration of activated sludge model - A pilot scale demonstration [J]. Water Science and Technology, 1998,37(4-5):235-242.

[18] Vanrolleghem P A,van Daele M,Dochain D. Practical identifiability of a biokinetic model of activated sludge [J]. Water Research,1995,29,2561-2570.

[19] Vanrolleghem P A,Keesman K J. Identification of biodegradation models under model and data uncertainty [J]. Water Science and Technology,1996,33(2):91-105.

[20] Grady C P L,Dang J S,Harvey D M,et al. Determination of biodegradation kinetics through use of electrolytic respirometry [J]. Water Science and Technology,1989,21(8-9):957-968.

[21] Kong Z,Vanrolleghem P A,Willems P,et al. Simultaneous determination of inhibition kinetics of carbon oxidation and nitrification with a respirometer [J]. Water Research,1996, 30(4):825-836.

[22] 施汉昌,张杰远,张伟,等. 快速生物活性测定仪的发展[J]. 环境污染治理技术与设备, 2002,2(3):87-95.

[23] 施汉昌,柯细勇,张伟,等. 用快速生物活性测定仪测定活性污泥生物活性的研究[J]. 环境科学,2004,25(1):67-71.

[24] Holmberg A. On the practical identifiability of microbial growth models incorporating michaelis-menten type nonlinearities [J]. Mathematical Biosciences,1982,62:23-43.

[25] Chappell M J,Godfrey K R,Vajda S. Global identifiability of the parameters of nonlinear system with specified inputs:A comparison of methods [J]. Mathematical Biosciences, 1990,102:41-73.

[26] Dochain D,Vanrolleghem P A,van Daele M. Structural identifiability of biokinetic models of activated sludge respiration [J]. Water Research,1995,29:2571-2578.

[27] Julien S,Babary J P,Lessard P. Theoretical and practical identifibility of a reduced order model in an activated sludge process doing nitrification and denitrification [J]. Water Sci-

ence and Technology,1998,37(12):309-368.

[28] Julien S,Babary J P,Lessard P. Identifiability and identification of an activated sludge process model [J]. System Analysis Model Simulation,2000,37:481-499.

[29] Keesman K J,Spanjers H,van Straten G. Analysis of endogenous process behavior in avtivated sludge [J]. Biotechnology Bioengineering,1998,57:155-163.

[30] Petersen B,Gernaey K,Vanrolleghem P A. Practical identifiability of model parameters by combined respirometric-titrimetric measurements [J]. Water Science and Technology,2001, 43(7):347-356.

[31] Rozich A F,Gaudy J A F,D'Adamo P C. Selection of growth rate model for activated sludge treating phenol [J]. Water Research,1985,19:481-490.

[32] Tzoris A,Fernandez-Peterz V,Hall E A H. Direct toxicity assessment with a mini portable respirometer [J]. Sensors and Actuators B,2005,105:39-49.

[33] Dalzell D J B,Alte S,Aspichueta E,et al. A comparison of five direct toxicity assessment methods to determine toxicity of pollutants to activated sludge [J]. Chemosphere,2002,47: 535-545.

[34] Ricco G,Tomei M C,Ramadori R,et al. Toxicity assessment of common xenobiotic compounds on municipal activated sludge:Comparison between respirometry and Microtox [J]. Water Research,2004,38:2103-2110.

[35] Strotmann U J,Butz B,Bias W R. The dehydrogenase assay with resazurin:Practical performance as a monitoring system and pH-dependant toxicity of phenolic compounds [J]. Ecotoxicology and Environmental Safety,1993,25:79-89.

[36] Gutierrez M,Etxebarria J,de las Fuentes L. Evaluation of wastewater toxicity:comparative study between Microtox and activated sludge oxygen uptake inhibition [J]. Water Research,2002,36:919-924.

[37] Juliastuti S R,Baeyens J,Creemers C,et al. The inhibitory effects of heavy metals and organic compounds on the net maximun specific growth rate of the autotrophic biomass in activated sludge [J]. Journal of Hazardous Materials B,2003,100:271-283.

[38] Vanrolleghem P A,Kong Z,Rombouts G,et al. An on-line respirographic sensor for the characterization of load and toxicity of wastewaters [J]. Journal of Chemical Technology and Biotechnology,1994,59:321-333.

[39] Madoni P,Davoli D,Guglielmi L. Response of SOUR and AUR to heavy metal contamination in activated sludge [J]. Water Research,1999,33(10):2459-2464.

[40] Mazierski J. Effect of chromium (CrVI) on the growth rate of activated sludge bacteria [J]. Water Research,1995,29:1479-1482.

[41] Madoni P,Davoli D,Gorbi G,et al. Toxic effect of heavy metals on the activated sludge protozoan community [J]. Water Research,1996,30:135-141.

第 4 章   自动滴定测量仪的开发

生物处理法被认为是处理城市污水的最主要、最经济有效的方法,它是利用活性污泥中微生物的生理代谢活动来去除废水中的污染物质。根据微生物对电子受体的需求情况,生物处理法被分为好氧生物处理法、缺氧生物处理法和厌氧生物处理法。虽然以 OUR 为变量可以建立活性污泥系统中各反应底物与微生物之间的数量关系,分析主要反应过程的动态特性,可用于城市污水组分测试和化学计量学、动力学参数识别与校核、好氧活性污泥工艺运行状态的监测和控制等。然而 OUR 测量仪只能用于废水好氧生物处理过程,无法用于缺氧和厌氧过程。

大部分废水中的污染物在生物降解过程中都会产生或消耗氢离子。因此,通过监测废水生物处理生化反应过程中的氢离子产生或消耗速率,能够反映废水生物处理系统的动态特性。HPR 测量不受氧条件限制,在好氧、缺氧和厌氧过程中均可应用。国外实验室已经开发了专门用于监测活性污泥系统氢离子产生(hy-drogen ion production,HP)的滴定测量系统[1],其由反应器系统、pH 测量系统、滴定系统和数据采集与控制系统组成。生物反应器内的搅拌系统保证反应器中的污泥和废水混合均匀,当需要好氧条件时由曝气装置向混合液充氧;置于反应器中的 pH 电极测得的数据通过数据采集系统传输到计算机,计算机内的测量软件根据预设条件发出指令控制脉冲电磁阀向混合液投加酸或碱;如此反复进行,直至 pH 测量值达到设定值要求,滴定停止。这类滴定测量仪基本实现自动滴定,测试频率高,能够反映活性污泥微生物代谢过程,但从本质上讲还属于离线测量,在每次测量之前生物反应器中的混合液需从污水处理厂或实验室模拟反应器中提取。此外,由于所使用的电磁阀的不稳定性,脉冲流量需要定期校核,Gernaey 报道称使用时每天要校核两次[2]。国内因受限于滴定测量仪器的开发,鲜有关于废水生物处理过程中滴定测量的研究报道。本书在混合呼吸测量仪的基础上,增加自动滴定策略所需的相关硬件设备,并对基于 LabVIEW 平台的软件系统跟进调整,开发了自动滴定测量系统。同混合呼吸测量系统一样,该系统在数据测量上具有在线测量、实时显示、数据存储和数据分析等功能。自动滴定测量系统和混合呼吸测量系统可以独立使用,也可以同时使用。本章重点介绍自动滴定测量系统。

4.1   自动滴定测量仪概述

自动滴定测量仪充分利用现代自动测试技术及计算机软件技术,通过多种硬件与软件的合理配置、组装与集成,实现了在线、自动滴定测量。滴定测量关键之一是滴定剂的精确投加。因此,微量、高频率、高精度及高可靠性的投加泵至关重要。LabVIEW 软件及数据采集卡等软、硬件设备实现了泵的外部控制和滴定数据的采集、显示、存储与处理;而软件为泵提供外部控制则以 pH 测量数据为依据。

  自动滴定测量仪具体的工作流程见图 4.1。首先 pH 传感器测量反应器内的 pH,由 pH 变送器即时显示并进行信号转换;经转换的信号通过接线盒传输至安装在计算机主机内的数据采集卡;LabVIEW 软件把数据采集卡采集到的信号进行转换、显示、存储及处理等,同时对 pH 进行判别,当满足设定条件时便发出信号,该信号由数据采集卡从计算机中输出,经接线盒输出后控制 AC/DC(220V-24V)电源模块,从而实现对微量泵的控制(电源模块为微量泵提供 24V 的直流工作电压);当不满足设定条件时,微量泵停止工作。软件会记录并显示微量泵工作时间、药品投加总量及滴定曲线(药品累计投加量随时间的变化曲线)。

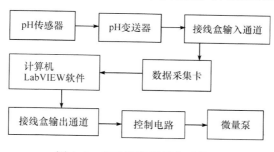

图 4.1   自动滴定测量仪系统图

4.2   自动滴定测量仪硬件系统

  自动滴定测量仪主要由三部分组成,即反应器系统、数据采集与保存系统以及滴定剂自动投加系统。其中,反应器系统为混合呼吸测量仪和自动滴定测量仪的共用部分,详见第 2.3 节,本章不再累述。自动滴定测量仪有两种实现方法。第一种类似于 Massone 提出的滴定测量方法,如图 4.2 所示,使用一支 pH 电极测量系统 pH,对整个系统固定 pH 进行“定点”滴定。当与呼吸测量技术联合可构成呼吸-滴定综合测量系统,其结构图见图 4.3。第二种滴定测量方法是使用两支 pH 电极,分别安装在测量室(测量室)的入口和出口处,通过判断出口 pH 和入口 pH 的一致性对测量室进行滴定,见图 4.4。第二种滴定方式是对第一种方式的改进,使用范围更广,现实意义更大。两种方式的硬件系统组成相同。根据两种滴定测量仪原理和结构的不同,将第一种滴定测量法称为“单 pH 电极批式滴定法”,将第二种称为“双 pH 电极连续滴定法”。

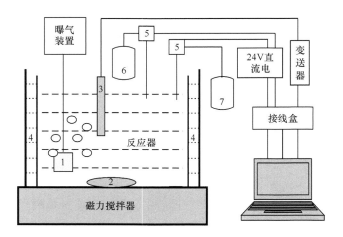

图 4.2　自动滴定测量仪结构图(第一种实现方式)

1. 曝气头；2. 搅拌转子；3. pH 电极；4. 恒温水槽；5. 微量泵；6. 碱剂瓶；7. 酸剂瓶

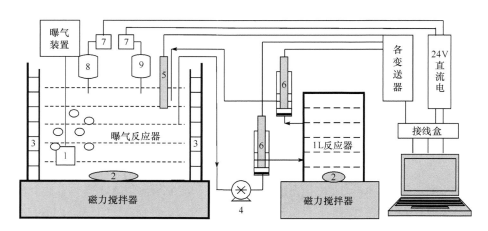

图 4.3　自动混合呼吸-滴定(第一种实现方式)测量仪结构图

1. 曝气头；2. 搅拌转子；3. 恒温水槽；4. 蠕动泵；5. pH 电极；
6. DO 电极；7. 微量泵；8. 碱剂瓶；9. 酸剂瓶

　　单 pH 电极批式滴定测量方式的原理是把整个反应器(图 4.2 中的独立反应器或图 4.3 中的曝气反应器和 1L 反应器等形成的整个封闭系统)作为研究对象,当反应器内 pH 偏离预先设定范围时,滴定酸或碱试剂使 pH 回到设定范围内,用滴定量和滴定速率代表系统中质子产生/消耗的量或速率。这种滴定方法仅适用于反应器体积较小的情况,而不适用于动态效应显著的大反应器系统。

　　双 pH 电极连续滴定测量方式借鉴了混合呼吸测量仪的结构,以测量室内液体作为研究对象,对测量室进行滴定测量,用其测量结果代表曝气反应器(大反应器)内的质子变化情况。这种滴定测量方式的核心依据是从大反应器内流出的混

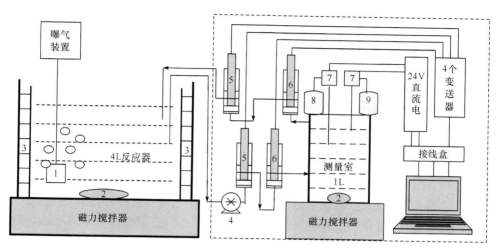

图 4.4　自动混合呼吸-滴定(第二种实现方式)测量仪结构图

1. 曝气头；2. 搅拌转子；3. 恒温水槽；4. 蠕动泵；5. pH 电极；

6. DO 电极；7. 微量泵；8. 碱剂瓶；9. 酸剂瓶

合液在测量室内有一定的停留时间(通常是几分钟),在停留时间内生化反应继续进行,用这段时间内的生化反应速率代表液体流出曝气反应器时的生化速率。测量该部分混合液流入和流出测量室时的 pH,当两者不一致时投加酸或碱试剂,用滴定量和速率代表混合液中质子产生或消耗量和速率。双 pH 电极连续滴定测量方式的理论基础见式(4.1)～式(4.3)。以测量室作为研究对象,建立质子平衡方程(4.1)。

$$\frac{\mathrm{d}[H^+]}{\mathrm{d}t}=\frac{Q_i[H^+]_i}{V}-\frac{Q_e[H^+]_e}{V}+\mathrm{HPR}-\alpha \tag{4.1}$$

式中,$[H^+]$、$[H^+]_i$、$[H^+]_e$分别代表测量室内、流进液体和流出液体中的 H^+ 浓度;HPR 为氢离子产生速率;α 为滴定速率;V 代表测量室体积,本书中测量室为 1L。

反应器系统中 $Q_i=Q_e$,根据该滴定测量方法开发原理的假设,即$[H^+]_i=[H^+]_e$,则得到方程(4.2)。

$$\frac{\mathrm{d}[H^+]}{\mathrm{d}t}=\mathrm{HPR}-\alpha \tag{4.2}$$

因假设在采集一个 HPR 数据的时间内测量室中$[H^+]$保持不变,故得到方程(4.3)。该方程证明用滴定速率代表氢离子产生速率(HPR)是可行的。

$$\mathrm{HPR}=\alpha \tag{4.3}$$

这种滴定方式的创新之处在于图 4.4 中的测量室部分(及图中虚线方框包围的部分)可与任何曝气反应池相连,不受曝气池体积大小及其内部的动态效应影响。

4.2.1　数据测量与采集系统

1. pH 测量系统

pH 测量系统由 pH 传感器(电极)和变送器两部分组成。传感器的作用是获取信号,变送器的作用是把传感器测得的信号转换为数字信号显示出来,并能进一步把该信号传输给计算机。所采用的 pH 传感器和变送器分别是梅特勒-托利多公司的 InPro4250 和 pH2100e,均是处于世界先进水平的高精度、高频率测量工具。pH2100e 变送器适用于高度可靠和精确的 pH 测量,它不仅操作简便,而且能够大屏幕显示真实信息,测量值以大字符显示,图文化的界面能够阐释变送器的功能,并能发出非正常信号警告。此外,它还具有以下优点:①操作安全可靠,对探头和变送器连续诊断,任何故障都可通过"脸谱"(哭脸或笑脸)显示,图文解释的大屏幕显示,都极大地提高了工艺流程的安全性;②精确和可靠的测量,连续的探头检测功能,具有自动识别缓冲液的功能,可达到最佳测量可靠性;③无人值守的测量系统,内置式 PID 控制器,与 pH 清洗校准系统充分配合使用,确保 pH 测量系统可无人值守和免维护。pH2100e 变送器可同时测量 pH/ORP 和温度,测量范围分别是 $-1.00 \sim 15.00$ pH、$-1500 \sim +1500$ mV,分辨率分别是 0.01pH、1mV,显示和输出的更新速率为每秒一次,精度分别是 ± 0.03 pH、± 2 mV;信号再分别通过两个模拟输出,传输 pH/ORP 参数和温度参数。

2. 数据采集系统

数据采集和保存由硬件和软件共同完成,硬件部分负责将采集的信号传输至计算机,软件部分负责对信号进行处理和保存。硬件部分是该系统的骨架与基础,包括计算机、数据采集卡(National Instruments, M Series)和接线盒(National Instruments, SCB-68)。测量系统把信号传输给接线盒,接线盒通过屏蔽电缆(SHC68-68-EMP shielded Cable)传输至数据采集卡。数据采集卡置于计算机主板内,负责将接线盒传输的信号输入到计算机。软件是该系统的血肉与灵魂,成为数据处理与保存的关键,本装置是在 NI(National Instruments)软件 LabVIEW7.1(虚拟仪器)平台上开发应用程序,完成所需功能,软件部分将在后文详细介绍。

4.2.2　滴定剂自动投加系统

滴定剂自动投加系统同样是由硬件和软件两部分组成。软件程序负责发出控制信号,控制信号经数据采集卡输出计算机,再经接线盒输出后控制投加泵,实现试剂的自动投加。软件程序在下文介绍,除投加泵之外的其他硬件同数据采集与保存系统。

1. 隔膜式电磁自吸微量泵

为保证滴定剂投加精度,投加泵采用隔膜式电磁自吸微量泵(120SP24504EE,美国 Bio-Chem Valve 公司)。自吸式微量泵的工作原理是自吸作用,即微量泵启用时先排出空气,然后吸入液体(可以从下方无压力的容器中自行吸取 1.3m 水柱,正常工作时产生 0.3bar 压力,相当于 3.5m 的水柱压力),最后排出液体,这样完成一个脉冲投加。其工作电压为 24VDC,功率 4W,工作电流 0.32A,最大工作频率 2Hz(150ms 的开启时间和 350ms 的关闭时间,如果泵的频率小于 2Hz,需要保持泵的开启时间为 150ms,延长关闭时间);投加一次定量射出 $50\mu L$ 的试剂,最大流量 6mL/min,定点精密度在 $\pm 2\% \sim \pm 4\%$,可重复性在 $\pm 1\% \sim \pm 3\%$。除此之外,微量泵还具有如下优势:

(1) 高可靠性。微量泵是为连续工作用途而设计,保证两千万次正常电磁冲程,相当于在 2.0Hz 工作频率下可以连续工作 3000h。

(2) 体积小,重量轻。120SP 微量泵仅 140g,非常便于组装和携带。

(3) 构造严密,绝对的关闭和零泄露。泵与管子接口为 1/4-28 的内螺纹接口,必须使用与之相匹配的接头把管子接到泵上,保证连接严密稳定。

(4) 耐腐蚀性。微量泵液体流路都是非金属惰性材料,可用于高腐蚀性液体。标准泵体材料为 PPS (聚苯硫醚)。其他可选的泵体材料为:PTFE(聚四氟乙烯)、PEEK(聚醚酮树脂)和 Delrin(乙缩醛树脂-美国杜邦公司)。用于隔膜和单向阀弹性材料可以为人造橡胶,包括 PTFE(聚四氟乙烯)、EPDM(人造橡胶)、Viton(是杜邦公司氟橡胶材料的商品名)。自动滴定测量仪在应用时多为投加酸或碱试剂,因此,耐腐蚀性是非常重要的一个性能。

2. 带控制电路的电源模块

为了给微量泵提供工作条件,自制了电源电路,主要部分是带控制电路的电源模块。由于微量泵的工作电压为 24V 直流电,为满足其供电要求,需要一种将220V 交流电转变为 24V 直流电的装置,即 AC/DC 电源模块。采用的电源模块型号为 HAW15-220S24,输出最大电流 625mA。此外,微量泵必须在通电、断电交替情况下工作,因此,需要 TTL 信号控制电路实现电源的通断。关于 TTL 信号控制电路的设计,有两种思路:

(1) TTL 信号输入位置位于图 4.5 中的"1"处。由计算机软件输出的 $0 \sim 3V$ TTL 信号(方波)控制 220V 交流电的通断,即当高电平(3V)到达时,220V 电导通,电源模块将其转换为 24V 直流电,泵通电,吸入液体;当低电平(0)到达时,220V 断,电源模块不再工作,泵断电,液体被压出。

(2) TTL 信号输入位置位于图 4.5 中的"2"。TTL 信号控制的是电源模块输出的 24V 直流电压,即泵一直处于通电状态,当有控制信号输入时,24V 被切为时断时续,泵开始工作;当没有控制信号来时,泵一直处于 24V 电压下,不工作。

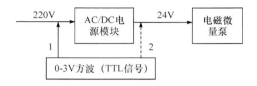

图 4.5   微量泵的电源电路示意图

这两种电源电路各有特点:

(1) 所使用的 NI 数据采集卡所能输出的最大电压为 ±5V,本控制选用了 0~3V 方波,实现对 220V 交流电和 24V 直流电控制需要两种截然不同的信号放大电路,图 4.6 分别是两种信号放大电路图。图 4.6(a)是对 220V 交流电控制的放大电路图,需要光耦、双向可控硅、电容及电阻等元器件;而图(b)是对 24V 直流电控制的放大电路图,只需要三极管、电阻等电子元件。两种控制电路均不复杂。

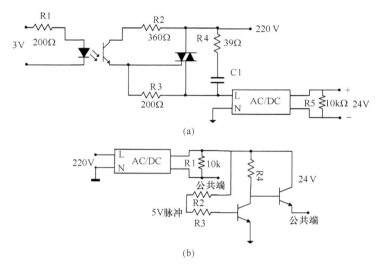

图 4.6   外控信号放大电路图

(2) 从两种放大电路所需元件的成本计算,虽然两种电路的花费均不算高,但对 220V 交流电的控制的硬件费用要高于对 24V 直流电的控制的费用。

(3) 从控制的部位分析,控制 220V 交流电的效果是当没有控制信号输入时,电源模块和泵均处于未通电状态,一方面减小电源模块和泵的损耗、延长使用寿命;另一方面节省电能;控制由电源模块输出的 24V 直流电则是电源模块和泵一直处于通电状态,只有控制信号输入时,泵才会工作,这种状态不仅会导致泵产生大量热量,加速泵内线圈的老化,还会缩短电源模块的使用寿命,同时因一直处于电压转换状态造成安全隐患。

经综合分析比较两种控制电路,认为控制 220V 交流电更优,在实现控制的同时又能降低设备的损耗、延长使用时间、节约电能等,故选择了图 4.6(A)的信号放大电路,位于图 4.5 中"1"的位置,控制 220V 交流电。

4.3 自动滴定测量仪软件系统开发

4.3.1 软件程序流程设计

由于采用一支 pH 电极和采用两支 pH 电极两种方式的滴定控制原理不同,因此,软件程序流程也不相同,下面分别进行介绍。

图 4.7 为单 pH 电极批式滴定测量方式的软件程序流程图,主要实现了测量信号的滤波处理、pH 的实时显示和保存、pH 的自动比较与判别以及对药品投加泵的自动控制。数字滤波的目的是消除信号在传输过程中受到外界电磁干扰等产生的测量噪声,提高数据采集的稳定性和可靠性。每隔一段时间(如 5s),程序会对当前采集的 pH 与已经设定的基准值 pH_{st} 进行比较,当测量 pH 高于 $pH_{st}+\Delta pH$ 时(ΔpH 通常设为 0.03),程序产生固定周期的信号,信号经数据采集卡输出计算机,并经接线盒输至酸微量泵控制电路,电路接通,该微量泵进入工作状态,向反应器中投入固定量的酸溶液;同理,当测量 pH 低于 $pH_{st}-\Delta pH$ 时,程序产生信号,输出计算机后控制另一微量泵开始工作,向反应器中投加一定量的碱溶液;当pH 落在设定区间时,程序不产生信号,两台微量泵均不工作,确保系统 pH 在设定范围内。每隔固定时段(如 1min),程序实时显示并保存当前累计投加的酸和碱试剂量。累计净投加量(即用碱投加量减去酸投加量的结果)反映系统内氢离子变化量(hydrogen ion variation amount,HVA),固定时段内的 HVA 对时间求导运算得到氢离子变化速率(hydrogen ion variation rate,HVR)。

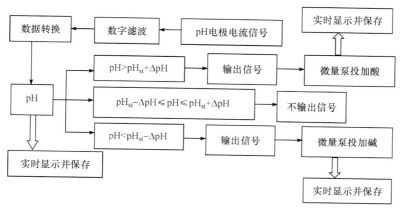

图 4.7 自动滴定测量过程流程图(第 1 种实现方式)

图 4.8 为双 pH 电极连续滴定测量方式的软件程序流程图。分别用两支 pH 电极测量反应室进、出口溶液的 pH,并传输给计算机,每隔一定时间(如 5s),该计算机以进口溶液的 pH1 为参考值,以 pH2 和 pH1 的差值作为控制量 u,对滴定剂自动投加系统的泵进行控制,当 u 大于设定的误差定值 ΔpH(ΔpH 通常设为 0.03)时,计算机向滴定剂自动投加系统发出信号控制酸投加泵向反应室中投加酸,当 u 小于 $-\Delta$pH 时,计算机向滴定剂自动投加系统发出信号控制碱投加泵向反应室中投加碱,酸投加泵或碱投加泵每投加一次,计算机便记录一次。这种滴定方式的优势主要体现在:①两根 pH 电极的使用使得滴定测量仪真正实现连续测量,不再仅适用于采样批式试验,测试频率高,精度高;②该滴定测量仪具有便携性,可用于任何污水处理厂的现场在线测量,无需采样,不再仅局限于实验室分析,具有较高的推广应用价值;③自行开发了自动滴定测量软件,提高了自动化程度,使测试过程与测试结果直观。

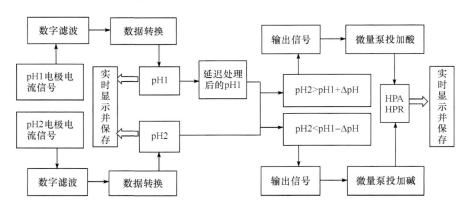

图 4.8　自动滴定测量过程流程图(第 2 种实现方式)

实际上,以测量室进出口 pH 的差值作为控制量是最简单的比例控制方法。除此以外,还可以用比例、积分和微分的线性组合作为控制量进行控制。在反馈控制中,比例控制(P)、积分控制(I)、微分控制(D)及它们之间的组合(PI、PD、PID)是最基本的控制规律。

比例控制,即 P(proportional)控制,就是过程的控制变量或控制器输出的大小与过程受扰动产生的后果成正比。具体说,就是和受控变量与设定值之间偏差的大小成正比。偏差越大,则控制器的输出值越大,执行器的动作范围也越大,控制变量的变化范围也越大。偏差为正值时,控制器的输出能使控制变量朝消除偏差的方向移动;偏差为负值时,控制器的输出方向相反,但其效果同样使控制变量朝消除偏差的方向移动。比例控制作用的特点之一是,控制器对受控变量的偏差立即作出反应,不存在滞后。如果输入作正弦波变化,输出则也是正弦波,且无相位差(或相位差为 180°,由输入输出之间的数值关系确定)。需注意的是,由于受控过程是由多个部分组成,因而包括比例控制器在内的整个过程,对于外界的扰动的响应,仍可能存在时间滞后现象。比例控制作用的另一特点是,存在余差,即受控变量在受到外界扰动后不能完全回复到原来的设定值。在基本控制规律中,比例控制是应用最为广泛的控制规律。具体说,比例控制器适用于负荷变化小、过程纯滞后不大、时间常数(在反馈控制中,从控制变量发生作用开始,到受控变量达到新的平衡值为止,是需要时间的,这一时间包含纯滞后时间和由旧稳态到新稳态的过渡时间两部分。从控制器发出指令,到监测器测到的受控变量开始变化之间的一段时间称为死时间或纯滞后。过渡时间的 63.2% 被定义为过程的时间常数。)较大而又允许余差存在的控制系统中,如储槽的液位控制及要求不高的压力控制中。

积分控制,即 I(integral)控制,是指过程的控制变量或控制器输出的大小,与过程受扰动的时间成正比。具体说,就是和受控变量与设定值之间偏差存在的时间长短成正比。时间越长,则积分控制器的输出值越大,执行器的动作范围也越大,控制变量的变化值也越大。这一过程要达到积分控制器的极限输出为止。因此,相比于比例控制作用存在余差的情况,积分作用具有消除余差的性质。积分控制作用一般不能在控制中使用,因为控制器的输出要有一段时间的积分才能达到一定数值,以驱动执行器产生作用,因而其控制作用滞后于偏差,不能及时消除外界扰动的影响。由于比例控制具有与偏差同步的性质,只要出现偏差,比例控制即刻起作用,因此,将比例控制与积分控制联合使用,可以避免积分控制对偏差存在反应时间滞后的弱点。比例控制中引入积分作用的目的主要是消除比例控制中的余差。但积分控制作用也有其潜在问题,这就是所谓的积分饱和。比例积分控制器适用于过程纯滞后不大、时间常数也不大、不允许有余差存在的控制系统中。

微分控制,即 D(derivative)控制,就是过程的控制变量或控制器输出的大小与受控变量与设定值之间偏差的变化速率成正比。受控变量与设定值之间偏差变化的速度越快,则微分控制器的输出值越大,执行器的动作范围也越大,控制变量的变化值也越大。当输入即偏差信号为阶跃变化时,微分控制器的输出在理论上是一个幅度无穷大、脉宽趋于 0 的尖脉冲。因此,微分控制器不能单独使用,一般要与比例控制或者比例积分控制结合在一起使用。

对于用两支 pH 电极读数的差值作为控制量进行滴定控制的情况,开发 PID 控制策略比较复杂,再加之 pH 的过程控制有明显的非线性特征,本章采用了最简单的控制方法。经大量实验证明,该种控制方法能够满足滴定测量系统控制需要,得到的滴定数据经平滑处理后能准确反映实际情况。

4.3.2　用户界面设计

　　针对滴定测量仪的两种使用方法,开发了两种应用程序(程序框图部分截图见图4.9),图4.10为使用一支 pH 传感器的用户界面图,图4.11为使用两支 pH 传感器的用户界面图。由于在应用中有时需要同时进行呼吸测量,因此,本章开发的应用程序中对呼吸测量和滴定测量进行了集成,形成了自动呼吸-滴定测量仪,两者可根据需要单独使用或同时使用,用户界面上也集合了两者的信息。以图4.10为例,该用户界面上除了有第2.4.5节介绍的呼吸测量相关的信息,增加了 pH、HPA、HPR 和滴定剂浓度等信息,详细如下。

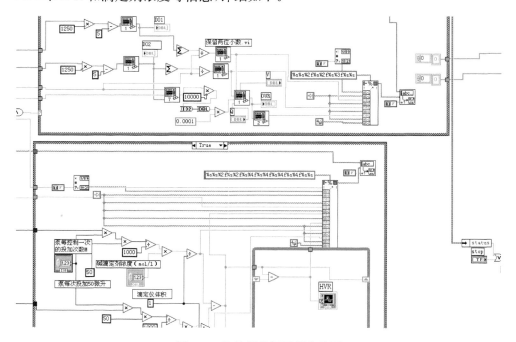

图4.9　软件程序框图部分截图

1. 参数设置

　　A 为物理通道。一般的数据采集卡都有多个输入通道,每一个通道对应一个外部测量设备,主要是各种传感器。用户在进行硬件连接时可自由选取。一旦这种硬件配置被固定下来,其配置情况也必须要通知软件。A 所对应的对话框就是通知软件从哪个或哪些物理通道上读取数据。如在自动滴定测量软件中,两 DO 传感器分别与数据采集卡的0通道和1通道相连,pH 电极与数据采集卡的2通道相连,那么,就要在这个数据采集卡中选中这3个通道。

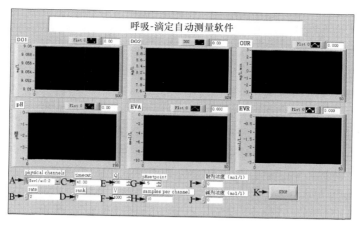

图 4.10　自动滴定测量仪软件的用户界面(一个 pH 传感器)

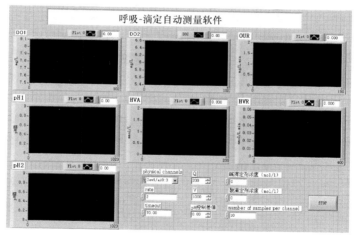

图 4.11　自动滴定测量仪软件的用户界面(两个 pH 传感器)

B 为采样频率。这个对话框是设置数据采集的频率。

C 为超时设置。

D 为中值滤波阶数。设置每个通道采集 DO 浓度和 pH 数据时中值滤波的阶数。根据前面的研究,这个值一般不需要调整,确定为 7。

E 和 F 主要在单 pH 电极批式滴定测量法中当需要进行呼吸测量时和滴定测量仪第二种实现方法中需要设置,分别是反应器系统中混合液循环的流量和呼吸室的容积。这两个参数使这套软件能够使用于不同规格(尺寸)的硬件系统和实验条件。混合呼吸仪呼吸室的容积为 1000mL,所以 F 对话框设置为 1000,若采用其他尺寸的呼吸室,这个参数需进行调整。蠕动泵带动的混合液在反应器系统中的循环流量为 200mL/min,故 E 对话框设置为 200。

G 为 pH 设定值。在自动滴定测量仪第一种实现方式中,需要对系统整体 pH 固定以进行滴定,如把系统 pH 固定在 7.5 进行滴定,就要在 G 对话框中输入 7.5。

H 为每个通道的采样数。该参数在呼吸测量和滴定测量的程序运算中均要用到,应该由两者中较小的一个确定。在混合呼吸测量仪中有两个采样频率的概念:一个是最后需要的 OUR 的采样频率;另一个是 DO 的采样频率,后者远远高于前者。对一个 OUR 采样时间间隔内所采集到的多个 DO 数据进行计算才能得到一个 OUR 数据。H 对话框的作用是告诉内部运算程序当每个通道采集到多少个数据的时候进行一次处理以得到一个 OUR 数据。因此,H 对话框和 B 对话框共同决定了 OUR 的采样频率。例如,一般 B 对话框设置的 DO 采集频率为 $2s^{-1}$,即 1s 每个通道采集两个 DO 数据,如果需要每 60s 得到一个 OUR 数据,那么运算程序就要在每个通道采集 120 个 DO 数据的时候进行一次运行得到一个对应的 OUR 数据,因此,H 对话框应该输入 10。对于滴定测量仪,涉及多长时间需要对 pH 进行一次判断,以确定是否需要投加试剂,如 5s 中对 pH 判断一次,结合 B 频率为 2,那么 H 对话框应该输入 10。对比两者,最终应确定 H 对话框为较小的数,即 10。为达到呼吸测量的要求,直接在程序中乘以一个常数即可,例如乘以 12,即可得到每分钟一个 OUR 的采样频率。

I 和 J 为自动滴定测量仪所投加试剂的浓度,被程序用于计算 HPA 和 HPR。这两个参数的设置使得滴定测量中可以随意更换滴定剂的浓度,只要在 I 和 J 中正确输入,便能得到准确的计算量。

K 为控制按钮,可以控制软件停止。如当测量结束时,点击此按钮结束程序。

2. 结果显示

图 4.10 中 6 个图形窗口用于显示呼吸测量和滴定测量的结果,它们的作用分别是:

DO1 和 DO2 两窗口分别以图形的形式实时显示两个 DO 电极采集到的 DO 浓度;

OUR 窗口以图形的形式实时显示呼吸测量的结果 OUR;

pH 窗口以图形的形式实时显示 pH 电极采集到的 pH;

HPA 窗口以图形的形式实时显示滴定测量结果 HPA;

HPR 窗口以图形的形式实时显示滴定测量结果 HPR。

测量结果的实时显示功能使滴定测量过程可视化,使用户对反应过程有非常直观的认识,可以全程监视实验的进程,判断实验进行是否正常,及时发现问题和采取适当措施,而不是等试验结束后对数据分析时才发现问题。

双 pH 电极连续滴定测量方法比单 pH 电极批式滴定测量方法增加了 1 支 pH 电极,并且滴定测量中 pH 判断方法有一定差异,而包括呼吸测量在内的其他部分完全相同。因此,图 4.11 中的控制参数和显示框图和图 4.10 许多是一致的,不同之处在于:①增加了一个 pH2 显示窗口;②把 pH 设定值换成了 pH 控制差值以适应程序内部的 pH 控制方法的改变。

4.3.3　pH 读数一致性校验及延迟校正

1. 两 pH 电极一致性校验

在双 pH 电极连续滴定测量方式中,采用了两支 pH 电极,这两 pH 电极读数的一致性非常重要,因此,使用之前需要对两 pH 电极进行校验,如果两者读数间存在固有误差,可通过测量系统的程序进行软校核消除误差。通过两支 pH 电极读数一致性校验还可以随时检查 pH 电极性能,以便及时更换性能下降或不稳定的电极,保障测量系统性能处于最佳状态。

采用的校核方法是,把两 pH 电极同时放入实验室 SBR 中,观察两者读数一致性。图 4.12 为置于相同条件下的两电极读数随时间变化图,在测试时间内 pH1 和 pH2 两条曲线基本重合,可见两电极读数一致性甚好。

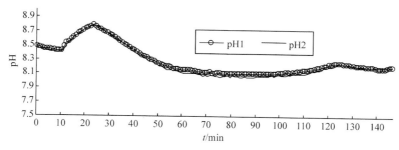

图 4.12　同置于 SBR 的两 pH 电极读数一致性测试

2. 滴定滞后校正

控制药品投加的信号来源于 pH2 和 pH1 的差值 u,这意味着药品投加具有滞后性。若将同一时刻测得的 pH2 与 pH1 进行比较运算并完成滴定酸液或碱液的投加,那么这样所获得的滴定测量信息并不能真实反映测量室的质子产生或消耗量。由于混合液在测量室有一定的停留时间 Δt,与混合液离开测量室的时间 t 相对应,相同部分混合液进入测量室的时间应该是 $t - \Delta t$。因此,需要进行滴定滞后校正,方法是提取 Δt 时间之前的 pH1 与当前时刻的 pH2 配对进行比较运算并完成滴定酸液或碱液的投加。混合液在测量室中的停留时间为 5min,pH 为每 5s 读取一个,故取用当前时刻之前第 60 个 pH1 与当前 pH2 进行运算。

4.4　本 章 小 结

本章将把滴定测量原理应用于废水生物处理技术领域,提出了一套自动滴定测量仪,并与混合呼吸测量仪集成,构成了呼吸-滴定测量系统,两者可单独使用,也可联合使用。针对自动滴定测量仪部分,得出如下结论:

(1)自动滴定测量仪主要有三部分组成,即反应器系统、数据采集与保存系统和滴定剂自动投加系统,其中,反应器系统为混合呼吸测量仪和自动滴定测量仪的公用部分。本章开发的自动滴定测量仪有两种实现方法:一种是使用一支 pH 电极测量系统 pH,对整个系统固定 pH 进行"定点"滴定;一种是使用两支 pH 电极,分别放在测量室的入口和出口处,通过判断出口 pH 和入口 pH 的一致性对测量室进行滴定,这种滴定方式是对第一种的改进,使用范围更广,现实意义更大。两种方式的硬件系统组成相同。

(2)自动滴定测量仪由硬件和软件两部分组成。硬件系统主要由 pH 测量系统的 pH 传感器和变送器,数据采集系统的接线盒、数据采集卡和计算机,滴定剂自动投加系统的微量泵、带控制电路的电源模块和滴定瓶,以及各种连接电线共同组成。软件部分主要是基于 LabVIEW 平台开发的应用程序,用于对数据的采集、保存和处理,针对两种自动滴定实现方式,开发了两种应用程序。

(3)基于 LabVIEW 开发的呼吸-滴定测量软件具有简单友好的用户界面,大大提高了所开发的自动滴定测量仪的自动化程度,降低了滴定测量和呼吸测量的操作难度;采用了 7 阶中值滤波技术消除干扰信号和 5 阶滑动均值滤波技术对 HPR 数据进行平滑处理,提高了测量结果的精度;采用的 pH 读数延迟校正技术使得第二种滴定测量方法具有可行性。

参 考 文 献

[1] Massone A,Gernaey K,Rozzi A,et al. Ammonium concentraton measurements using a titri-metric biosensor[J]. Medicine Faction,Landbouww,University Gent,1995,60:2361-2368.

[2] Gernaey K,Bogaert H,Vanrolleghem P A. A titration technique for on-line nitrification monitoringin activated sludge [J]. Water Science and Technology,1998,37(12):103-110.

第 5 章 自动滴定测量仪的评估

当对仪器性能进行评估时,准确性和精密性是两个重要的定量评价指标。准确性是指测定值与真实值的符合程度,其常用于度量一种特定分析程序所获得的分析结果(单次测量值或重复测量值的均值)与假定的或公认的真值之间的符合程度。一种分析方法或分析系统的准确度是反映该方法或该测量系统存在的系统误差或随机误差的综合指标,它决定着这个分析结果的可靠性。准确度通常用绝对误差或相对误差表示。精密性表现为测定值有无良好的重复性和再现性。精密性以监测数据的精密度表征,是使用特定的分析程序在受控条件下重复分析均一样品所得测定值之间的一致程度,它反映了分析方法或测量系统存在的随机误差的大小,测量结果的随机误差越小,测试的精度越高。精密度通常用极差、平均偏差和相对平均偏差、标准偏差和相对标准偏差(又叫变异系数,coefficience of variation,CV)表示,其中最常用的是标准偏差和 CV。考察精密性应该注意以下几个问题:①应该取两个或两个以上不同浓度水平的样品进行精度的检查;②将组成固定的样品分为若干批分散在适当长的时期内进行分析;③足够多的测量次数;④准确度良好的数据必须具有良好的精密度,精密度差的数据难以判断其准确程度。本书开发的自动滴定测量仪目的是用于测量废水生物处理过程的 HPA/HPR,但同样可用于化学反应系统滴定,所不同的是在废水处理生化反应中影响因素更多,需要配合一定的模型解析方法从测得的 HPA/HPR 中分离出具体的某个因素导致的质子变化。

本章首先在不含微生物的清水中对自动滴定测量仪的基本性能进行考察,先在清水中投加已知量的酸或碱,利用酸碱中和反应的基本原理,应用自动滴定测量仪滴定碱或酸,考察滴定量与投加量间的关系;然后分别从"总量"一致和"速率"一致两个角度进行评估。"总量"一致是指一次性投加定量的酸或碱,然后对系统进行滴定,关注滴定总量和投加总量的一致性,"总量"一致又分别从改变投加物量、改变反应器体积及改变 pH 设定值(即 pH_{st})等方面进行试验。"速率"一致是指通过某种手段不断改变投加速率,用自动滴定测量仪不断滴定碱(或酸),比较滴定速率和投加速率间的一致性。清水试验验证完成后,应用真正的活性污泥系统进行滴定试验加以验证。

5.1 "总量"一致性试验

在"总量"一致性试验中,不管投加试剂和滴定试剂是一元酸/碱还是二元酸/碱,单位均以 H^+ 或 OH^- 的"mmol/L"表示,以方便计算和处理数据。

5.1.1 材料和方法

应用滴定测量的第一种实现方式,即采用图 4.2 的装置图。使用 0.0895mol/L 的 NaOH 溶液和 0.0206mol/L 的 H_2SO_4 溶液作为滴定剂,若投加 NaOH 溶液,则用 H_2SO_4 溶液滴定,若投加 H_2SO_4 溶液,则用 NaOH 溶液滴定。滴定前先在反应器内注入自来水,恒温水槽保证反应器温度始终保持在 25℃,向反应器中投加已知量试剂使清水中 pH 偏离当前值,打开自动滴定测量仪进行滴定,磁力搅拌系统保证滴定过程中溶液迅速混合均匀。

设计了 2 组试验分别考察 pH 设定值和反应器体积对滴定准确度的影响,即相同反应器体积、不同 pH 设定值下的滴定试验和相同 pH 设定值、不同反应器体积下的滴定试验。第 1 组试验在 1L 反应器中进行,pH 设定值分别为 7.93±0.03,7.50±0.03,7.00±0.03,6.50±0.03,6.00±0.03。第 2 组试验分别在 0.5L、1L、2L 和 3L 反应器中进行,pH 设定值固定在 7.00±0.03。每次试验前先把系统 pH 调至设定值,再向系统中投加已知量 NaOH 溶液,滴定 H_2SO_4 溶液使 pH 回到设定值范围,同一条件下的试验重复 3～5 次。把自来水从自然 pH 状态(一般为 7.94)调至设定值下所需的量称为背景值。

5.1.2 结果与讨论

1. 第 1 组试验

图 5.1 为 pH 设定值分别为 7.93、7.50、7.00 和 6.50 下三重样滴定试验中的 pH 和累计滴定量 HPA 变化曲线图。从 pH 变化曲线可以看出重复试验中曲线近乎一致,累计滴定曲线上各次试验出现的弯折相同,表明重现性较高。由图也可以看出,一旦向反应器中投加试剂脉冲,pH 和滴定都能迅速做出响应。如在 pH 设定值为 7.00 的试验中,在投加碱脉冲后,pH 迅速上升到最高值,然后又迅速下降,这可能是搅拌导致溶液迅速变均匀所致;但很快下降速率减慢,并保持这种速度回到设定范围,这主要是由溶液中 OH^- 不断被滴定的酸中和以及自来水中 CO_2 缓冲体系的影响所致。这也表明自动滴定测量仪的灵敏度很高,能对系统 pH 变化做出迅速准确的响应。

滴定结果详见表 5.1,平均滴定误差除 pH_{st} 在 7.93 时的误差为负数(−9.47%)外,其他情况下均为正误差,数值在 7.26%～11.25%,波动不大。重

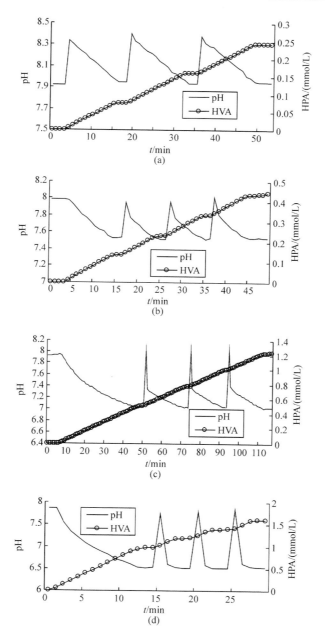

图 5.1 不同 pH_{st} 的滴定试验中 pH 和 HPA 曲线

复试验的 CV 在 $2.41\%\sim4.69\%$,重现性较高,表明滴定测量仪的可靠性较高。分析造成 pH 为 7.93 时出现滴定负误差的主要原因可能是:7.93 为自来水自然条件下的 pH,本身偏碱性,又投加了碱试剂后,碱性更高,而反应器敞口,搅拌一直进行,空气中的 CO_2 不断被吸收,最终导致滴定的酸试剂量偏低。

表 5.1　不同 pH_{st} 下的滴定试验统计结果一览表

pH 控制范围 $pH_{st}\pm\Delta pH$	投加量 $/(\mu mol/L)$	平均滴定量 $/(\mu mol/L)$	初始滴定量 $/(\mu mol/L)$	滴定平均误差/%	CV/%
7.93 ± 0.03	89.5	81.0	0	-9.47	4.69
7.5 ± 0.03	89.5	98.2	138.0	9.71	3.57
7.0 ± 0.03	179.0	193.6	517.1	8.18	2.41
6.5 ± 0.03	179.0	199.1	976.4	11.25	4.08
6.0 ± 0.03	179.0	192.0	1771.6	7.26	2.46

初始滴定量能从另一个角度反映滴定的准确度。在自来水自然 pH 为 7.93 的情况下,随着 pH_{st} 设定值的依次降低,初始滴定量呈现依次增大的趋势,增加值分别是 $138.02\mu mol/L$,$379.04\mu mol/L$,$459.38\mu mol/L$,$795.16\mu mol/L$,可见增加幅度也在依次增大。根据 pH 与氢离子浓度之间的换算关系,pH 越低,相差相同 pH 单位的两个 pH 之间的氢离子浓度变化越大,例如,$(10^{-6}-10^{-6.5})-(10^{-6.5}-10^{-7})>0$,可见,初始滴定量试验结果符合这一规律。

2. 第 2 组试验

第 2 组试验评估了在 pH 为 7.00 时不同反应器体积下的滴定测量精度,其中 1L、2L 和 3L 反应器中滴定试验见图 5.2,图中显示了整个试验过程中 pH 和 HPA 变化情况。试验统计结果见表 5.2,在自来水自然 pH 为 7.84 的情况下,当反应器体积分别为 0.5L、1L、2L 和 3L 时,滴定平均误差分别为 0.52%、3.18%、-5.08% 和 -9.16%,绝对数值上呈现逐渐增大的趋势,表明随着反应器体积增大滴定准确度略有下降。值得注意的是,当体积增大至 2L 和 3L 时,滴定误差为负数,这可能与反应器的动态效应有关,反应器体积越大,动态效应越显著。重复试验的变异系数 CV 在 3.86%~5.4%,试验重现性较高,证明仪器稳定性和可靠性较高。此外,不同体积的自来水的 pH(约 7.84)下降到 7.00 引起的滴定量几乎一致,平均值在 0.49mmol/L。

为了进一步验证自动滴定测量仪的性能,把 0.5L 下的滴定结果与实验室购买的自动电位滴定仪测试结果进行了对比。试验方法同上,在自动电位滴定仪的采样瓶中放入自来水,投加 NaOH 造成 pH 升高,滴定 H_2SO_4 溶液使其回至 pH 设定值(7.88),重复三次,记录每次的投加值和滴定值,统计结果见表 5.3。比较分析发现,虽然用自动电位滴定仪滴定时样品体积更小(其采样瓶体积小于 0.25L),搅拌更易均匀,滴定误差较小,但仍不及自主开发的自动滴定测量仪 0.5L 反应器中的滴定误差小。这表明在较小反应器中自动滴定测量仪的测试准确度非常高,达到甚至超过了市场上的同类商品。

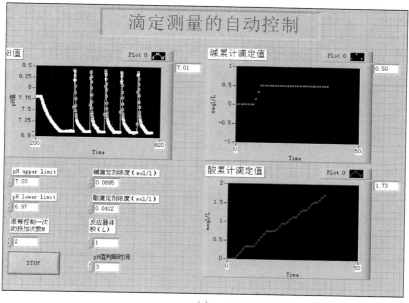

(a)

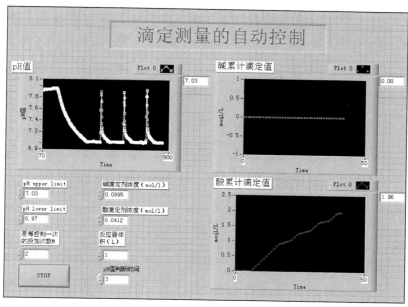

(b)

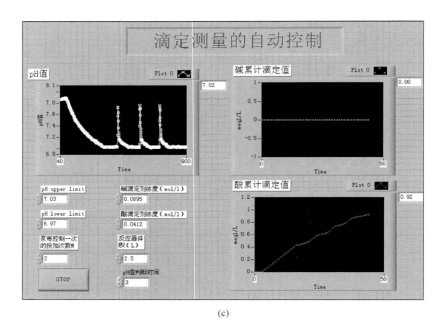

(c)

图 5.2　不同反应器体积下的滴定试验前面板图

表 5.2　不同反应器体积下的滴定试验统计结果一览表

体积/L	pH 控制范围	滴定量/(mmol/L)	滴定平均误差/%	CV/%
0.5	7.00±0.03	0.54	0.52	4.79
1	7.00±0.03	0.52	3.18	5.4
2	7.00±0.03	0.47	−5.08	3.86
3	7.00±0.03	0.43	−9.16	4.35

表 5.3　自动电位滴定仪的滴定结果统计表

次数	投加值/μmol	滴定值/μmol	绝对误差/μmol	相对误差/%
1	89.50	91.13	1.63	1.82
2	89.50	86.03	−3.47	−3.88
3	89.50	84.09	−5.41	−6.04

3. 讨论

综合两组试验结果,经分析研究,发现可能会造成"总量"一致性试验测试误差的原因是多方面的。

1）搅拌的影响

搅拌在滴定测量中的作用至关重要,若搅拌强度不够,致使滴定的药品在溶液中不能迅速扩散以发生中和反应,很容易导致滴定过量,影响测量准确度。对于不同体积的反应器,搅拌的影响不同,很明显反应器体积越小,越容易搅拌均匀,由搅拌引起的误差就会越小。试验采用的磁力搅拌器转速可以在很大范围内调整,完全能够满足搅拌均匀的需要。

此外,搅拌会在一定程度上影响 pH 电极的读数,例如搅拌会导致反应器中心形成漩涡,pH 电极一定要避开此漩涡,否则将导致读数不准确。还有,搅拌导致的液体旋转会在电极膜表面产生与其水平的切向线速度,从而引起液膜的更新,该线速度与电极和旋转中心的距离有关。通过试验考察磁力搅拌对 pH 电极读数的影响,发现在试验设置的搅拌转速下,pH 电极读数几乎不受搅拌影响,对同一液体搅拌下的读数和静止时的读数保持一致。因此,只要对搅拌转速设置合理,pH 电极位置安放合理,搅拌对 pH 电极读数的影响基本可以忽略。

2）酸碱滴定剂浓度的影响

尽管都使用标准溶液配制滴定剂,但因盐酸溶液总存在挥发现象,NaOH 溶液会吸收空气中 CO_2,随着溶液配制时间的增长,酸或碱溶液的浓度都有变小的趋势。此外,滴定剂浓度也会有一定影响。滴定剂浓度过高很容易导致滴定过量,严重时甚至会需要反滴定。滴定剂浓度过低会导致滴定不充分,泵会不断地动作以达到设置要求。这两种情况虽然不会影响滴定总量,但均会导致 HPR 值的测量偏离实际情况,造成误差甚至是错误。

3）微量泵的影响

自动滴定测量仪采用的自吸式微量泵能一次定量射出 $50\mu L$ 的试剂,最大流量 6mL/min,定点精密度在 $\pm4\%\sim\pm2\%$,可重复性在 $\pm3\%\sim\pm1\%$,因此,在软件程序中,便采用 $50\mu L$ 这一数值对 HPA 进行计算,大量实验结果证实微量泵有足够高的准确度和精确度,对测量误差的影响甚微。

另外,微量泵工作频率的选择也很重要,若频率过高,会导致滴定过量,带来测量误差,若频率过低,滴定时间会延长,因此,微量泵应结合滴定剂浓度进行合适选择。由此可见,除了仪器本身之外,滴定时许多参数的选择也至关重要。

4）pH 判断时间的影响

是否需要进行滴定是在判断 pH 当前值后确定的。因此,pH 判断时间应该恰当选取,若 pH 判断时间过短,会导致进行判断的 pH 不具有代表性,造成误差,经过理论分析及大量的试验对比工作,最终选取了 5s,即每隔 5s 对 pH 进行一次判断,若满足滴定条件,便执行一次滴定。

5.2 "速率"一致性滴定

"速率"一致性试验为动态试验,这里的"动态"指反应器内质子浓度随时间不断变化,并且主要考察的是滴定的过程速率,而不仅仅是最终的滴定总量。为了在清水中模拟质子不断快速变化,仅用人工投加定量酸或碱溶液的方法是不够的,本节采用两种方法进行模拟:用两台微量泵互"跟踪"滴定和外增蠕动泵连续投加酸或碱溶液。

5.2.1　两台微量泵互"跟踪"滴定试验

1. 材料和方法

试验材料、试验条件和自动滴定测量仪的操作与 5.1.1 节类似。不同的是用一台微量泵代替人工连续投加酸/碱试剂,造成 pH 改变,朝一方向偏离 pH 设定值后,另一台微量泵通过滴定碱/酸试剂以试图把 pH"拉回来",如果结果导致 pH 朝另一方向发生偏离时,又需要用第一台微量泵滴定以回到设定值,如此反复,形成"互跟踪"状态。具体的试验方法是:把系统 pH 设定在 $pH_{st} \pm \Delta pH$(本试验选用自来水自然状态下的 pH 为 7.80 ± 0.03),用两台同样的微量泵分别滴定酸和碱溶液。当系统测量 pH 大于 $pH_{st} + \Delta pH$ 时,一台微量泵便投加酸,以使 pH 回至 $pH_{st} \pm \Delta pH$ 内;当酸投加过量导致 pH 小于 $pH_{st} - \Delta pH$ 时,另一台微量泵便开始投加碱;如此,反复进行。试验得到的酸和碱的滴定曲线图及滴定总量的一致程度反映了滴定测量仪的性能。为考察可靠性,试验重复进行三次。

2. 结果与讨论

图 5.3 是三次滴定试验结果,图中显示了每次试验中 pH 变化情况和两个泵滴定结果的差值变化情况。每次试验的 pH 变化曲线以试验设定值为中心上下波动,每次波动总会引起微量泵的迅速反应,使 pH 朝着中心设定值的方向前进,证明滴定测量仪具有很高的灵敏性。每次试验过程中两泵的累计滴定量之差在 0 附近波动,表明滴定测量仪能及时、准确地反映系统质子动态变化(以一台微量泵投加的试剂作为系统质子变化的动力,另一台微量泵通过滴定来反映这种变化扰动),用自动滴定测量仪的滴定速率可以反映系统质子变化速率。

试验结果统计值见表 5.4,多次试验的滴定总量误差在 $-4.16\% \sim 2.51\%$,平均误差为 -0.68%。负误差的原因可能与盐酸挥发有关,因为盐酸挥发导致盐酸溶液实际浓度低于所标定浓度;三次试验酸、碱滴定速率都相差无几,两者的平均值相等,平均误差为 0。

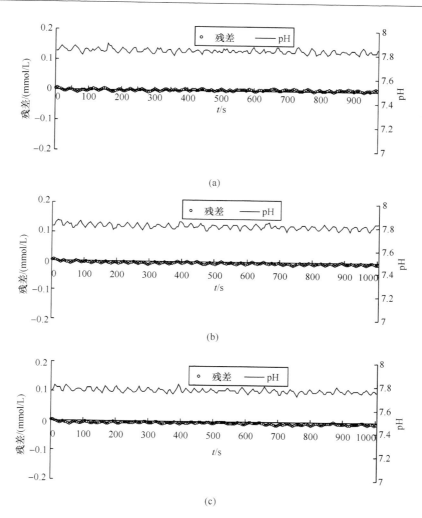

图 5.3　两台微量泵互跟踪滴定试验残差和 pH

表 5.4　两台微量泵互跟踪滴定试验结果统计表

试验次数	滴定总量			滴定速率		
	酸滴定总量 /(mmol/L)	碱滴定总量 /(mmol/L)	误差/%	酸滴定速率 /[μmol/(L·s)]	碱滴定速率 /[μmol/(L·s)]	误差/%
1	0.1875	0.1922	2.51	0.18	0.2	11.11
2	0.2425	0.2324	−4.16	0.24	0.24	0.00
3	0.24	0.2391	−0.37	0.18	0.16	−11.11
平均值	0.2233	0.2212	−0.68	0.2	0.2	0.00

5.2.2 蠕动泵投加试剂模拟系统质子变化

1. 材料和方法

为了验证当系统质子动态变化时自动滴定测量仪对 HPR 测量的准确性与灵敏性,外增一台蠕动泵向自来水中投加盐酸造成系统质子变化,通过不断改变蠕动泵转速以改变投加速率从而模拟 HPR 动态变化,用自动滴定测量仪对系统进行滴定,比较由滴定结果得到的滴定速率同投加速率间的关系。两者越是接近,表明自动滴定测量仪的准确度越高。在每个 pH 设定值(6.50、7.00、7.50、8.00 和 8.50)下分别进行试验,连续调节蠕动泵的转速为 6r/min、8r/min、10r/min、12r/min、15r/min、12r/min、10r/min、8r/min、6r/min 以不断改变投加速率(即每种转速下保持一定时间后调至下一转速)。蠕动泵流速与转速间关系见方程(5.1),蠕动泵投加速率(即模拟 HPR,单位 mmol/(L·min))计算式见方程(5.2)。表 5.5 列出了蠕动泵每种转速对应的流速和溶液投加速率。

$$y=0.0557x+0.0017 \tag{5.1}$$
$$投加速率=yc \tag{5.2}$$

式中,y 为流速,mL/min;x 为转速,r/min;c 为投加溶液浓度,mol/L。

表 5.5　蠕动泵在不同转速下的流速和溶液投加速率

转速/(r/min)	6	8	10	12	15	12	10	8	6
流速/(mL/min)	0.3359	0.4473	0.5587	0.6701	0.8372	0.6701	0.5587	0.4473	0.3359
投加速率/(mmol/min)	0.0168	0.0224	0.0279	0.0335	0.0419	0.0335	0.0279	0.0224	0.0168

2. 结果与讨论

图 5.4 为 pH 设定值为 7.00 下的累计滴定量变化曲线图和 pH 曲线图,图中累计滴定量曲线斜率呈现先变大又变小的趋势,同蠕动泵转速先变大又变小一致,从整体趋势上证明了滴定速率能反映投加速率的变化。

图 5.5(a)~(e)分别是 pH 设定为 6.50、7.00、7.50、8.00 和 8.50 下的滴定试验中的滴定速率、投加速率及两者之间的相对误差图,蠕动泵每种转速对应一种投加速率,对该转速下的累计滴定曲线求导得到一个滴定速率,在每个滴定试验中,蠕动泵转速改变 9 次对应图中 9 个点。每幅图中每个数据点下滴定速率几乎都与投加速率重合,证明两者的一致程度非常高。相对误差从数值上量化了滴定速率同投加速率的一致程度,是同一转速下滴定速率对投加速率求得的误差,pH 设定值从 6.50 到 8.50 的各滴定试验中的平均相对误差依次是 -2.29%、-2.34%、

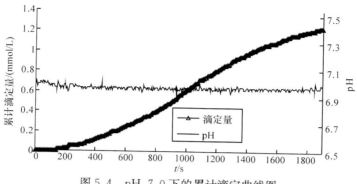

图 5.4　pH_{st} 7.0 下的累计滴定曲线图

-2.31%、-1.53% 和 -0.86%，均在可接受的范围内，总体上呈现随着 pH 设定值增大误差数值逐渐减小的趋势。分析产生误差的原因，得到以下几条结论：

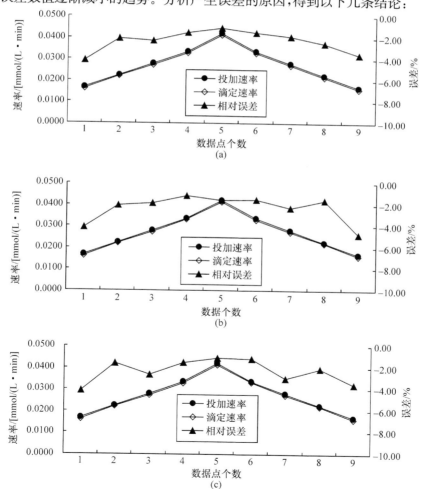

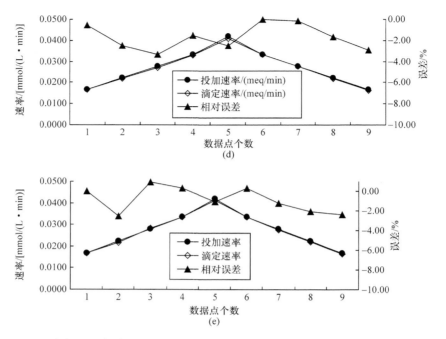

图 5.5　各种 pH_{st} 下投加速率、滴定速率和相对误差变化情况图

（1）总体上均呈现负误差，这可能与投加的试剂的浓度有关。蠕动泵投加的为盐酸，自动滴定测量仪投加的 NaOH 溶液，盐酸易挥发，会导致投加的盐酸浓度低于标定浓度，而 NaOH 溶液浓度变化较小，所以滴定量偏小，因此出现负误差。误差还与蠕动泵的流速精度、pH 判断时间等因素有关。

（2）在设定值为 7.00 下滴定误差最大，这可能与 pH 具有非线性特性有关，pH 在中性附近时变化最敏锐，即酸碱浓度之间的微小变化即可使溶液 pH 远离中性点 pH=7.00 处。

测试结果表明，自动滴定测量仪能够快速准确地测试系统质子的动态变化。

为了进一步考察自动滴定测量仪的"定点"滴定效果和影响滴定误差的因素，特地补充了投加速率约为 12.8μmol/min（该质子变化速率和 Gernaey 等[1]中的硝化过程质子变化速率相同）下的两个滴定试验，这两个滴定试验分别是蠕动泵投加 0.0447mol/L 的 NaOH 溶液、滴定 0.0206mol/L 的 H_2SO_4 溶液和蠕动泵投加 0.05mol/L 的 HCl 溶液、滴定 0.0447mol/L 的 NaOH 溶液，pH 控制范围设在自来水常温 pH7.97±0.03。

既然自动滴定测量仪采用"定点"滴定原理，那么能否及时准确地把 pH 控制在设定值内也能反映出滴定测量仪的灵敏性，进而也可以从另一个角度评价仪器性能。图 5.6 为试验过程中的 pH 变化情况图。对于（a）图，开始系统 pH 稳定在设定范围[7.94,8]内,在 230s 处蠕动泵开始投加 NaOH 溶液,导致 pH 高于上限值,于是微量泵开始滴定,30s 后 pH 回复到控制范围内。蠕动泵连续投加碱液造成系统 pH 变化,每当变化超出设定范围时,微量泵滴定硫酸溶液使之回到控制范围。滴定总能在 10~30s 内将 pH 控制住。为了考察 pH 读数时间对滴定控制的影响,在 1030s 处将 pH 电极判断时间由 5s 改为 2s,发现控制效果进一步提高,体现在两点:①当 pH 超出范围后能更快地使其得到控制(10s 之内);②由滴定控制回来的 pH 更接近设定中心值(7.97),而判断时间为 5s 时控制回来的 pH 靠近控制范围上限。对于(b)图,由于蠕动泵投加的是盐酸,会导致系统 pH 低于设置范围下限,滴定碱液使 pH 回至设定范围。该试验过程先把 pH 判断时间设为 2s,发现由于判断时间过短导致滴定过量,使 pH 超出了上限。后把判断时间调为 5s 后,控制效果得到显著改善,10~30s 内便可把超出范围的 pH 控制在设定范围内。

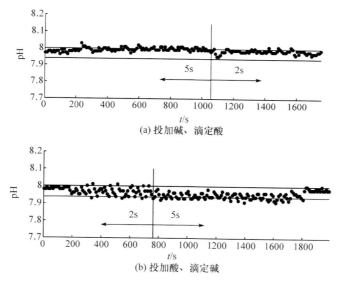

(a) 投加碱、滴定酸

(b) 投加酸、滴定碱

图 5.6　蠕动泵转速为 5.1r/min 的模拟试验 pH 变化曲线图

对比发现,图 5.6(a)中判断时间 2s 时控制效果更好,图 5.6(b)中判断时间 5s 时控制效果更好,原因与滴定剂浓度与投加溶液浓度的相对大小有关。在试验 1 中滴定剂的浓度(0.0412mol/L)稍低于投加溶液的浓度(0.0447mol/L),需要及时判断 pH 大小并进行投加。虽然试验 2 中滴定剂的浓度(0.0447mol/L)也稍低于投加溶液的浓度(0.05mol/L),但由于盐酸易挥发,这种情况下若过快地判断 pH 会造成滴定过量。因此,滴定控制效果与三个因素有关:①滴定剂浓度,过高易致滴定过量,过低易致控制力度不够,控制时间过长;②pH 判断时间,若时间过短会造成搅拌不均匀,pH 读数没有代表性而致滴定过量,时间过长则会导致滴定速率不能有效反映动态变化;③微量泵每次的投加次数,该变量决定了微量泵每工作一次的投加量,若过大很易导致滴定过量。

表5.6汇总了蠕动泵转速为 5.1r/min 的模拟试验中滴定速率、投加速率,以及滴定量和投加量,理论上两组数据应该分别对应相等。表中数据可以看出,滴定速率与投加速率、滴定量和投加量之间差别均在可接受的范围内,其中试验 1 中滴定速率约比投加速率高 0.4μmol/min,试验 2 中滴定速率低于投加速率约 0.5μmol/min。

表 5.6　蠕动泵转速为 5.1r/min 的模拟试验滴定与投加情况对比表

	投加情况		滴定情况
试验 1	蠕动泵转速/(r/min)	投加速率/(μmol/min)	滴定速率/(μmol/min)
	5.1	12.8	13.2
	投加时间/min	投加量/mmol	滴定量/mmol
	21	0.2683	0.2802
试验 2	蠕动泵转速/(r/min)	投加速率/(μmol/min)	滴定速率/(μmol/min)
	5.1	14.3	13.8
	投加时间/min	投加量/mmol	滴定总量/mmol
	25	0.3572	0.3509

5.3　活性污泥系统化学计量关系试验

开发自动滴定测量仪的目的是用其监测废水生物处理过程的质子变化情况(HPA/HPR),因此,需要对真正的活性污泥系统进行滴定试验加以验证。活性污泥硝化过程中关于质子产生的化学计量关系最为清晰,目前对该过程进行的关于氧耗和氢离子产生的研究最多。废水生物脱氮硝化过程是两步生化反应,分别在氨氧化菌 AOB 和亚硝酸盐氧化菌 NOB 作用下将 NH_4^+-N 依次氧化为 NO_2^--N 和 NO_3^--N,理论反应式分别见方程(5.3)和方程(5.4)。

$$NH_4^+ + 1.5O_2 \xrightarrow{AOB} NO_2^- + 2H^+ + H_2O \tag{5.3}$$

$$NO_2^- + 0.5O_2 \xrightarrow{NOB} NO_3^- \tag{5.4}$$

通过比较实验结果同已知的理论值间的一致程度评估仪器性能。滴定采用单 pH 电极批式滴定测量方式,从化学计量关系上评估,即考察底物总量和滴定总量的对应关系,不考虑中间反应过程,故称之为“化学计量关系试验”。

5.3.1　材料与方法

在化学计量关系试验中,仅考虑一个试验过程中消耗的底物总量与产生的质子总量间的化学计量关系,不考虑过程中的细节,亦不用测 OUR 等其他信号,因此,用的是自动滴定测量仪第一种试验方式,即图 4.2 所示装置。

从重庆市某污水处理厂取回曝气池的硝化污泥,沉淀后弃去上清液,用自来水洗涤 2~3 次,以去除残留的基质和可能有毒的生物代谢产物。试验前用少量 NH_4Cl 基质对污泥驯化几次。取上述污泥适量置于图 4.2 的反应器中,污泥浓度为 4000mg MLSS/L 左右,开启曝气和搅拌设备,待污泥处于内源呼吸后,投加已知量的 NH_4Cl 溶液进行滴定试验;待反应结束、污泥重新进入内源呼吸后,重复滴定试验。试验温度保持在 25℃,DO 浓度在 2.0mg/L 以上。

分别进行了两组试验:第 1 组试验在容积为 1L 的反应器中进行,NH_4^+-N 浓度(以 N 计)分别为 1.67mg/L、3.33mg/L、8.33mg/L、16.66mg/L 和 30.00mg/L,每个浓度重复 5 次;第 2 组试验在固定 NH_4^+-N 浓度 16.66mg/L 下进行,反应器体积分别为 1、2、3 和 4L,每个试验重复 5 次。滴定剂分别是 0.0100mol/L 的 HCl 溶液和 0.0895mol/L 的 NaOH 溶液(在低 NH_4^+-N 浓度下,使用 0.0447mol/L 的 NaOH 溶液以防止滴定剂浓度过高导致的滴定过量)。pH_{st} 设为 7.60,ΔpH 设为 0.03,试验过程中保持系统 pH 在 [7.57,7.63] 范围内。整个试验中投加的物质体积占混合液总体积的 1% 左右,每个周期内微生物生长不超过初始污泥浓度的 1%,混合液体积和污泥浓度变化可以忽略。

5.3.2　结果与分析

1. 不同 NH_4^+-N 浓度下的滴定试验结果

表 5.7 为不同 NH_4^+-N 浓度下的滴定试验统计结果,其显示氨氧化的 H^+ 产生量与氨消耗量的摩尔比值 r 的实测值在 2.04~2.13,略大于理论值 2,与理论值间的相对误差在 2.09%~6.34%,变异系数 CV 在 1.50%~4.75%,试验重现性较好。

表 5.7　不同 NH_4^+-N 浓度下的滴定试验统计结果

试验历时 /min	NH_4^+-N 浓度		平均滴定量 /(mmol/L)	实测比值	相对误差 /%	变异系数 /%
	/(mg/L)	/(mmol/L)				
20	1.67	0.119	0.253	2.127	6.34	3.16
40	3.33	0.238	0.493	2.070	3.49	1.50
60	8.33	0.595	1.251	2.102	5.11	4.75
105	16.66	1.190	2.430	2.042	2.09	2.75
190	30.00	2.143	4.480	2.090	4.52	4.42

2. 不同反应器容积下的滴定试验结果

为进一步考察反应器体积对测量结果的影响,在保持底物浓度为 16.66mg/L、反应器体积分别为 1L、2L、3L 和 4L 时,实测比值 r 与理论值间的相对误差分别是 2.09％、2.44％、−10.00％ 和 −18.70％,变异系数 CV 在 2.75％～5.29％,试验重现性均较好。相对误差随反应器体积增大而增大,3L 和 4L 下的误差为负,分别约为 1L 下误差的 5 倍和 9 倍。因此,自动滴定测量装置的反应器适宜取较小体积。

3. 分析与讨论

试验结果表明,用滴定方法监测硝化反应中 H^+ 的化学计量系数与理论值间存在一定误差,但总体上误差在可接受的范围内,特别是在 1L 反应器内平均误差仅为 4.31％。因此,应用自动滴定测量方法能够对活性污泥氨氧化反应的质子变化进行有效计量。造成试验测试误差有多个方面的原因,下面结合试验结果进行讨论。

1) 碳酸氢盐缓冲体系

碳酸氢盐缓冲体系是废水处理系统中广泛存在的最重要的缓冲体系之一,无机碳各组分之间的平衡受 pH 强烈影响,但它们的平衡亦会对系统 pH 造成一定影响。根据平衡方程式(5.5),当 pH 在 7.00 左右时,溶液中大部分无机碳以 HCO_3^- 形式存在。当对溶液进行曝气时,一部分 CO_2 会被吹脱,导致平衡左移,造成质子损失,pH 增大。从空气溶入的 CO_2 和有机物降解产生的部分 CO_2,会导致平衡右移,pH 减小。CO_2 吹脱和产生两种过程恰好对 pH 产生相反的影响。Yuan 等结合物质守恒和化学平衡给出了质子产生量 HP_{CO_2} 的计算公式(5.6)[2]。在试验中,整个滴定过程 pH 均保持在 7.50 左右,对避免碳酸氢盐缓冲体系的影响起到一定作用,但是 7.5 高于 pK_1 值 6.36,平衡始终保持向右移动的微弱趋势,消耗更多的 NaOH 滴定剂,导致实测 r 值偏高。

$$CO_2 + H_2O \xleftrightarrow{\quad} H_2CO_3 \xleftrightarrow{pK_1} H^+ + HCO_3^- \xleftrightarrow{pK_2} 2H^+ + CO_3^{2-} \tag{5.5}$$

$$(25℃下,pK_1 = 6.36, pK_2 = 10.35)$$

$$HP_{CO_2} = \frac{CO_{2production} - CO_{2stripping}}{1 + 10^{pK_1 - pH}} \tag{5.6}$$

式中,$CO_{2production}$、$CO_{2stripping}$ 为 CO_2 产生和吹脱量;pH 为系统 pH。

2) 氨盐缓冲体系

NH_4^+-N 是氨氧化反应的底物,在本试验中投加 NH_4Cl 作为反应底物,作为弱碱的氨盐的平衡系统始终存在,见平衡方程式(5.7)。在 pH 接近中性时,大部分 NH_4^+-N 以离子态(NH_4^+)存在,已有研究结果证明在氨氧化反应中 NH_4^+-N 均

是以 NH_3 分子形态被利用,故此平衡会右移;同时,由于不断曝气、搅拌导致的氨的挥发也会促使平衡右移,产生 H^+ 。因此,该体系也会导致实测 r 值偏高。

$$NH_4^+ \xleftrightarrow{\text{pK}_{NH_3}} NH_3 + H^+ \quad (25℃ 下,\text{pK}_{NH_3} = 9.25) \tag{5.7}$$

3)仪器系统自身误差

上述两个因素是造成第 1 组试验中实测比值偏高的主要原因。然而,在第 2 组试验中,随着反应器体积增大,误差增大。其原因可能是,反应器体积越大,动态效应越显著,曝气、搅拌等越不易均匀,对 pH 电极测量值的影响也越大,测量值的代表性越差。3L 和 4L 反应器中呈现较大负误差可能是由于过大的反应器内浓度分布不均匀所导致的滴定测量动力学滞后,电极测量值仅能代表其周边液体 pH,而此时其他部分液体内已经发生了氨氧化反应,pH 已有所降低,导致试验滴定量低于实际所需滴定量。实际上,当反应器体积较大时出现负误差的现象在清水试验中也得到证实,即在 2.5L 反应器中充入自来水,投加定量的 HCl 或 H_2SO_4,用自动滴定测量仪滴定上述 NaOH 溶液至设定值 7.8(此值为常温下自来水的平衡 pH),投加值与滴定值均以 mol/L 为单位进行记录,滴定量与投加量的平均误差为 -9.16%,说明当反应器体积较大时 pH 电极测量值不能正确反映活性污泥系统中生物化学反应的质子变化。因此,自动滴定测量装置应采用小体积反应器。

虽然自动滴定测量仪采用高精准度的 pH 在线测量系统和微量泵投加系统,但仪器误差不可完全忽略。例如,当 pH 测量出现滞后以及微量泵的脉冲体积偏离标准值($50\mu L$)时,均会影响测试结果的精度。pH 电极的响应时间低于 1s,pH 测量系统的滞后性很小;自吸式微量泵每次可定量射出 $50\mu L$ 液体,相对标准偏差低于 1%。

5.4 本 章 小 结

本章先在不含微生物的清水中对自动滴定测量仪的基本性能进行考察,通过人为投加药品模拟系统质子变化,应用自动滴定测量仪进行滴定,从"总量"一致和"速率"一致两个角度设计试验评估了仪器测试准确度和精确度;最后在硝化活性污泥系统中进行测试。

(1)在 1L 反应器中,进行 pH 设定值分别为 7.93 ± 0.03,7.5 ± 0.03,7.0 ± 0.03,6.5 ± 0.03,6.0 ± 0.03 下的滴定试验,平均滴定误差除 pH 设定值为 7.93 时的误差为负数(-9.47%)外,其他均为正误差,数值在 $7.26\sim11.25\%$ 波动。重复试验的 CV 在 $2.41\%\sim4.69\%$,重现性较高。随着 pH 设定值的依次降低,初始滴定量呈现依次增大的趋势,增加值分别为 $138.02\mu mol/L$、$379.04\mu mol/L$、$459.38\mu mol/L$ 和 $795.16\mu mol/L$,可见增加幅度也在依次增大,与理论规律相符合。

（2）把 pH 设定值固定在 7.0±0.03，分别在 0.5L、1L、2L 和 3L 反应器中进行滴定试验，滴定平均误差分别为 0.52%、3.18%、−5.08% 和 −9.16%，平均误差绝对值呈现逐渐增大的趋势，表明随着反应器体积增大滴定准确度略有下降。重复试验的变异系数 CV 在 3.86% 到 5.4%，试验重现性较高。将 pH 为 7.84 的自来水滴定到 7.0 时的平均滴定量在 0.49mmol/L 左右，相对平均偏差 2%。试验结果表明大反应器因动态效应显著，影响测试准确度，在较小的反应器中，滴定准确度和精确度均较高。

（3）为验证自动滴定测量仪的"动态"测试性能，进行了两台微量泵互跟踪滴定。试验结果显示每次试验的 pH 变化曲线以试验设定值为中心上下波动，每次波动总会引起微量泵的迅速反应，使 pH 朝着中心设定值的方向前进，证明滴定测量仪具有较高的灵敏度。每次试验过程中两泵的累计滴定量几乎一致，两者的残差在 0 附近波动，表明滴定测量仪能及时、准确地反映系统质子动态变化。统计结果显示三次试验的滴定总量误差在 −4.16%~2.51%，平均误差为 −0.68%；三次试验酸、碱滴定速率都相差无几，两者的平均值相等，平均误差为 0。

（4）外增一台蠕动泵向自来水中投加盐酸造成系统质子变化，通过不断改变蠕动泵转速以改变投加速率从而模拟 HPR 动态变化，用自动滴定测量仪对系统进行滴定，试验结果表明每个试验中滴定速率几乎都与投加速率重合，pH 设定值为 6.5、7.0、7.5、8.0 和 8.5 的试验中的滴定速率同投加速率的平均相对误差依次是 −2.29%、−2.34%、−2.31%、−1.53% 和 −0.86%，均在可接受的范围内，进一步证明了自动滴定测量仪能够及时准确地测量系统质子变化速率。

（5）应用所开发的自动滴定测量装置对活性污泥氨氧化的 H^+ 产生量与氨消耗量的摩尔比值 r 进行实测。当反应器容积为 1L 和氨氮浓度在 1.666~30.00mg/L 变化时，实测 r 值与理论值 2 的相对误差在 2.09%~6.34%；保持氨氮浓度 16.66mg/L，在 1~4L 的反应器中实测 r 值相对误差在 2.09%~18.57%，随反应器体积增大明显增大。反应器系统中的碳酸氢盐缓冲体系和氨盐缓冲体系，特别是在较大容积反应器中的滴定动态效应是导致测试误差的重要原因，说明在自动滴定测量装置中应采用小体积的反应器。

参 考 文 献

[1] Gernaey K，Bogaert H，Vanrolleghem P A. A titration technique for on-line nitrification monitoring in activated sludge [J]. Water Science and Technology，1998，37(12)：103-110.

[2] Yuan Z，Pratt S，Zeng R J，et al. Modelling biological processes under anaerobic conditions through integrating titrimetric and off-gas measurements applied to EBPR systems [J]. Water Science and Technology，2006，53 (1)：179-189.

第6章　自动呼吸-滴定测量仪在硝化过程监测中的应用

　　基于硝化过程消耗氧气和产生 H^+ 两个显著特征,pH、DO 浓度、OUR 和 HPR 均可作为硝化过程监测变量。关于在废水生物处理过程中 pH 和 DO 响应的报道已很多。但因受限于 OUR 和 HPR 测量技术和仪器的开发,国内关于废水生物处理过程 OUR 和 HPR 响应的报道很少。本章把自动呼吸-滴定测量系统应用于活性污泥硝化过程监测,获取了 DO、pH、OUR 和 HPR 等响应曲线,测量了活性污泥硝化过程中 HPR 和 OUR 与 NH_4^+-N 过程浓度间的关系,进一步评估了自动呼吸-滴定测量装置测试动态过程的性能,为呼吸-滴定测量法应用于硝化过程动态监测积累基础资料。本章试验中的滴定测量分别采用了单 pH 电极批式滴定测量和双 pH 电极连续滴定测量两种方式。

6.1　应用 OUR 和 HPR 监测废水生物脱氮的理论基础

　　在目前广泛应用的废水生物处理系统中,微生物生长需要合适的环境条件,pH 无疑是其中最重要的一个。一方面,系统 pH 对污水处理厂生物去碳[1,2]、脱氮[3,4]、除磷[5-9]处理能力和效率影响很大;另一方面,污水处理中一系列的生物化学反应常常会导致系统 pH 发生变化。由于 pH 变化与生物反应速率密切相关,故常常可提供有关生物反应动力学情况的指示。因此,有必要深入了解生物脱氮系统中各种生物化学过程的 pH 变化情况及变化原理,这对污水处理厂的过程控制、模型模拟、参数估计和校核等具有重要科学价值。在废水生物脱氮过程中,质子变化是除了硝化反应、反硝化等生物反应外,由无机碳平衡、铵盐平衡、VFA 平衡等物理化学过程共同作用的结果。物理、化学过程导致的系统 pH 或碱度的变化给生物过程信息(即由生物反应导致的质子变化)获取带来一定困难或干扰。目前已经有学者试图通过数据解析等手段来"提纯"目标测量数据,如 Pratt 和 Yuan 通过试验研究量化了 CO_2 传质对滴定测量数据的影响[10]。对于废水好氧生物处理过程,DO 是一个重要条件,毫无疑问其变化是一个重要的监测变量。

6.1.1　硝化反应的 pH 和 DO 变化

　　硝化过程是废水生物处理工艺中 pH 变化最为明显、质子产生量最易确定的生物过程之一。由反应式(5.3)可知,每氧化 1mol 的 NH_4^+-N,产生 2mol 的 H^+,

会导致系统 pH 显著下降,而过低的 pH 会对硝化形成抑制。ASM1 中关于硝化过程化学计量关系如式(6.1)所示[11],结合硝化细菌生长的动力学方程(一般是 Monod 方程)和式(6.1)中的化学计量学系数,可得到质子产生速率和 NH_4^+-N 降解速率[12],分别见方程(6.2)和方程(6.3)。在氨氧化菌生长中用于细胞合成的 CO_2 还原量以及氮磷营养元素吸收量对质子产生的影响小,如果进一步假设硝化过程的其他质子产生或消耗(如曝气中的 CO_2 吹脱等)背景可以忽略时,得到式(6.4)。在硝化过程中引起质子变化的因素主要有硝化反应和 CO_2 的吹脱等,式(6.1)中包含了硝化反应和氨盐平衡引起的质子变化,故式(6.2)中的 BPPR 主要代表由 CO_2 吹脱造成的质子变化,其表达式见式(6.5)。DO 浓度变化见式(6.6)。

$$\frac{1+Y_A\times i_{XN}}{Y_A}S_{NH}+\frac{4.57-Y_A}{Y_A}S_O+i_{XC}S_C\longrightarrow 1X_A+\frac{1}{Y_A}S_{NO}+\alpha H_2O+\frac{2+Y_A\times i_{XN}}{14Y_A}H^+$$

$$\tag{6.1}$$

$$\frac{dH^+}{dt}=\frac{2+Y_A i_{XN}}{14}\frac{\mu_A X_A}{Y_A}\frac{S_{NH}}{K_{NH}+S_{NH}}+BPPR \tag{6.2}$$

$$\frac{dNH_4^+}{dt}=-\left(\frac{1}{Y_A}+i_{XN}\right)\mu_A X_A\frac{S_{NH}}{K_{NH}+S_{NH}} \tag{6.3}$$

$$\frac{dNH_4^+}{dt}=7\frac{dH^+}{dt} \tag{6.4}$$

$$BPPR=\frac{1}{32}n\,i_{XC}\mu_A X_A\frac{S_{NH}}{K_{NH}+S_{NH}} \tag{6.5}$$

$$\frac{dS_O}{dt}=-\frac{4.57-Y_A}{Y_A}\mu_{maxA}\frac{S_{NH}}{K_{NH}+S_{NH}}X_A \tag{6.6}$$

式中,H^+ 为硝化过程中产生的质子,mmol/L;i_{XC} 为生物中碳所占的比例,mmol/gCOD;i_{XN} 为生物中氮所占的比例,gN/gCOD;S_C 为用于自养菌合成的 CO_2-C 量,mmolC/L;S_{NH} 为 NH_4^+-N 浓度,mgN/L;S_{NO} 为硝酸盐浓度,mgN/L;X_A 为自养菌浓度,mgCOD/L;Y_A 为自养菌生长系数,gCOD/gN;BPPR(background proton production rate)为背景氢离子产生速率,mmol/(L·min);n 见式(6.17)。

6.1.2　反硝化反应的 pH 变化

反硝化是在缺氧条件下,硝酸盐作为电子受体,有机物作为电子供体的氧化还原反应,硝酸盐最终被还原为氮气,有机物被氧化降解为 CO_2 和 H_2O。该过程依靠反硝化细菌完成。大多数反硝化细菌是兼性厌氧菌,通常在有氧条件下进行好氧呼吸,缺氧条件下进行硝酸盐呼吸。Petersen 等对 Gernaey 等提出的质子产生模型进行扩展,建立了缺氧状态质子产生理论模型[13],见图 6.1。模型假设所有化合物都以分子态穿过细胞壁,并以乙酸作为模型有机物组分,由模型可分析反硝化过程的质子变化。首先是电子受体的利用的影响,当有一个硝酸根被利用时(即有一个硝酸分子穿过细胞壁),便会有一个质子被消耗(因为硝酸是一种强酸),导致 pH 上升,如反应式(6.7)所示[14],NO_2^- 反硝化过程的 H^+ 消耗方程见式(6.8)。其次还有四个因素影响系统的质子平衡,铵盐缓冲体系、碳酸氢盐缓冲体系、碳源(乙酸)以及磷酸盐体系等。这些组分通过水解、吹脱等物理化学作用对系统 pH 造成不同的影响[15]。综合这些因素,反硝化过程的化学计量关系见方程(6.9),NO_2^- 反硝化化学计量关系见方程(6.10),据此可建立模型量化反硝化过程质子产生/消耗量。NO_3^- 反硝化过程质子产生速率、碳源消耗速率和 NO_3^- 还原速率的计算分别见式(6.11)、式(6.12)和式(6.13)。类似可求出 NO_2^- 反硝化过程的各种速率。另外,反硝化利用的碳源不同,对 pH 造成的影响不同,如当乙酸和葡萄糖分别作为底物时,会引起系统 pH 相反的变化(葡萄糖是中性分子,被吸收时不会引起质子消耗,而乙酸为酸性,被吸收时消耗一个质子)[13]。乙酸作为碳源时反硝化质子产生速率见式(6.18),甲醇作为碳源时反硝化质子产生速率见式(6.19)。

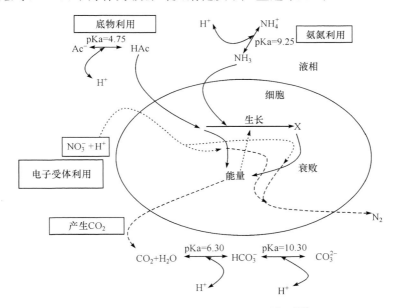

图 6.1 反硝化过程质子产生理论模型[13]

$$NO_3^- + 6H^+ + 5e \longrightarrow 0.5N_2 + 3H_2O \tag{6.7}$$

$$NO_2^- + 4H^+ + 3e \longrightarrow 0.5N_2 + 2H_2O \tag{6.8}$$

$$\frac{1}{Y_H}S_S + \frac{1-Y_H}{2.86Y_H}S_{NO_3} + i_{XN}S_{NH} \longrightarrow X_H + \frac{1-Y_H}{2.86Y_H}S_{N_2}$$

$$+\left[-\frac{m}{CY_H}-\frac{1-Y_H}{2.86\times 14Y_H}+\frac{pi_{XN}}{14}+\frac{n(1-Y_H)x}{CY_H}\right]H^+ \tag{6.9}$$

$$\frac{1}{Y_H}S_S+\frac{1-Y_H}{1.71Y_H}S_{NO_3}+i_{XN}S_{NH}\longrightarrow X_H+\frac{1-Y_H}{1.71Y_H}S_{N_2}$$

$$+\left[-\frac{m}{CY_H}-\frac{1-Y_H}{1.71\times 14Y_H}+\frac{pi_{XN}}{14}+\frac{n(1-Y_H)x}{CY_H}\right]H^+ \tag{6.10}$$

$$\frac{dH^+}{dt}=\left[-\frac{m}{CY_H}-\frac{1-Y_H}{2.86\times 14Y_H}+\frac{pi_{XN}}{14}+\frac{n(1-Y_H)x}{CY_H}\right]\rho_{XH} \tag{6.11}$$

$$\frac{dS_S}{dt}=-\frac{1}{Y_H}\rho_{XH} \tag{6.12}$$

$$\frac{dS_{NO_3}}{dt}=-\frac{1-Y_H}{2.86Y_H}\rho_{XH} \tag{6.13}$$

$$\rho_{XH}=\mu_H X_H \frac{S_S}{K_S+S_S}\frac{S_{NO_3}}{K_{NO}+S_{NO_3}} \tag{6.14}$$

$$m=\frac{10^{-pKa}}{10^{-pH_{st}}+10^{-pKa}} \tag{6.15}$$

$$p=\frac{10^{-pK_{st}}}{10^{-pH_{st}}+10^{-pK_{NH_3}}} \tag{6.16}$$

$$n=\frac{2\times 10^{2pH_{st}}+10^{(pH_{st}+pK2)}}{10^{2pH_{st}}+10^{(pH_{st}+pK2)}+10^{(pK1+pK2)}} \tag{6.17}$$

$$\frac{dH^+}{dt}=\frac{9n-8}{112}\frac{dS_{NO_3}}{dt}+\frac{1}{14}\frac{dNH_4^+}{dt}-\frac{m}{64}\frac{dS_S}{dt} \tag{6.18}$$

$$\frac{dH^+}{dt}=\frac{9n-8}{112}\frac{dS_{NO_3}}{dt}+\frac{1}{14}\frac{dNH_4^+}{dt} \tag{6.19}$$

式中,m、p 和 n 分别是 VFA 平衡、氨盐平衡和无机碳平衡的转换因子;C 为基质 S_S 的 COD 当量,gCOD/mol;x 为基质氧化成 CO_2 的当量,mol/mol;Y_A 为异养菌产率系数,gCOD/gCOD;ρ_{XH} 为异养菌缺氧生长速率,g COD/d;pH_{st} 为系统 pH 设定值;其他参数见下文。

6.2　硝化过程动态试验

6.2.1　材料与方法

在监测废水生物处理过程的动态试验中,不仅需要获得质子变化速率,还需要获取氧气利用速率等其他参数。因此,本试验采用自动滴定测量仪与混合呼吸测量仪集成后的自动呼吸-滴定测量系统,见图 4.3。

　　从重庆市某污水处理厂取回曝气池的硝化污泥，沉淀后弃去上清液，洗涤2～3次，以去除残留的基质和可能有毒的生物代谢产物。试验前用少量 NH_4Cl 基质对污泥驯化几次。取上述污泥适量置于图 4.3 的反应器中，污泥浓度为 3500mg MLSS/L 左右。开启曝气和搅拌设备，待污泥处于内源呼吸后，投加已知量的 NH_4Cl 溶液进行呼吸-滴定试验；待反应结束、污泥重新进入内源呼吸后，重复试验。试验温度保持在 25℃，DO 浓度大于 2.0mg/L。

　　间歇试验中曝气室和呼吸室混合液体积分别取 2L 和 1L，NH_4^+-N 浓度分别为 5mg/L、10mg/L、15mg/L、20mg/L 和 25mg/L。滴定剂分别是 0.10mol/L 的 HCl 溶液和 0.25mol/L 的 NaOH 溶液（使用较高浓度的 NaOH 溶液可迅速中和硝化产生的质子，同时可减少滴定量以防止混合液总体积变化过大）。pH_{st} 设为 7.50，ΔpH 设为 0.03，试验过程中保持系统 pH 在 [7.47, 7.53] 范围内。批实验中每隔 20min 取样一次，取样体积不超过 15mL，采用纳氏试剂光度法测定 NH_4^+-N。

　　本节通过测量活性污泥硝化过程中 HPR 和 OUR 与 NH_4^+-N 过程浓度间的关系来评估自动呼吸-滴定测量装置测试动态过程的性能。HPR 和 OUR 由仪器直接采集，过程浓度通过对定时所取样品的化学分析得到，用基于 HPR 和 OUR 计算得到的 NH_4^+-N 过程浓度同实测浓度间进行比较，用它们之间的一致程度评估仪器性能。根据式（6.1）和式（6.4），在忽略氨氧化菌合成代谢以及曝气中 CO_2 吹脱对过程质子产生的影响的情况下，可以得到式（6.20）和式（6.21），可分别用 OUR 和 HPR 计算 NH_4^+-N 过程浓度。

$$\Delta S_{NH}(t_i) = \frac{\int_{t_0}^{t_i} OUR_{ex}(t)\,dt}{4.57 - Y_A} \tag{6.20}$$

$$\Delta S_{NH}(t_i) = 7 \times \int_{t_0}^{t_i} HPR(t)\,dt \tag{6.21}$$

式中，$\Delta S_{NH}(t_i)$ 为 t_i 时刻 NH_4^+-N 去除量，mg/L；$OUR_{ex}(t)$ 为外源呼吸速率，mg/(L·min)；HPR(i) 为质子变化速率，mmol/(L·min)；Y_A 为自养菌产率系数，mgCOD/mgN，；t_0、t_i 分别为硝化反应的开始时间和结束时间。

6.2.2　结果与讨论

1. 硝化过程 pH 和 OUR 响应

　　为验证硝化过程中 pH 和 OUR 变化规律，对硝化过程 pH 和 OUR 响应进行了在线监测。图 6.2 为 NH_4^+-N 浓度为 3mg/L 的间歇试验过程中 OUR 和 pH 响应曲线图。OUR 曲线为峰高约为 0.9mg/(L·min) 的平台，虽然 OUR 可表征动态过程，但当对硝化进行分步研究时，仅用 OUR 不足以区分开氨氧化和亚硝酸盐氧化。pH 图像先从初始稳定值（约 7.82）下降，证明硝化反应产生大量质子，导致系统 pH 显著下降;然后 pH 下降速度减缓,直到停止下降转为上升,该转折点被称为"氨谷",即指示着氨氧化结束,被用于生物短程脱氮曝气时段的控制[16];转折点后,pH 不断上升,直到最后缓慢稳定下来,主要原因是持续不断的曝气导致的 CO_2 吹脱作用成为影响质子变化的控制因素,这也表明曝气中的活性污泥混合液有着较强的缓冲能力。因此,仅用 pH 是不足以表征硝化过程动态特征,固定 pH 进行滴定的方法可在一定程度上避免缓冲体系的影响,获取硝化过程动力学信息。

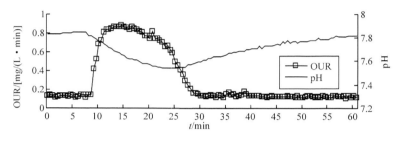

图 6.2　批试验中 OUR 和 pH 响应曲线图

2. 硝化过程呼吸-滴定测量结果

对 NH_4^+-N 浓度分别为 5mg/L、10mg/L、15mg/L、20mg/L、25mg/L 的间歇试验过程进行呼吸-滴定在线监测,DO、pH 和 HPA 响应曲线见图 6.3,OUR 和 HPR 响应曲线见图 6.4。系统 pH 始终保持在 7.5 ± 0.03 范围内,每次间歇试验在 HPA 曲线上表现为一个台阶,总体呈不均匀阶梯状逐渐升高。每次间歇试验 OUR 和 HPR 曲线同时出现一个"峰",随着 NH_4^+-N 浓度的提高,峰平台持续的时间越长。表 6.1 列出了分别基于 OUR 和 HPR 的 $S_{NH}(t_0)$ 计算值及其与 $S_{NH}(t_0)$ 实测值间的误差,除试验 1 中基于 HPR 的计算值误差较大(-8.45%)和基于 OUR 的计算值呈正误差外,其余均为负误差,且数值均在 5% 以内。因此,OUR 和 HPR 与 NH_4^+-N 转化量之间存在着很好的化学计量关系。

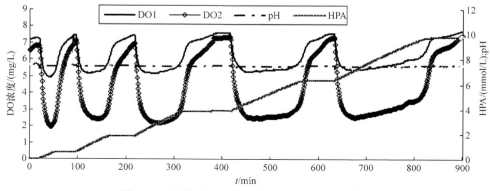

图 6.3　间歇试验中 DO、pH 和 HPA 响应曲线图

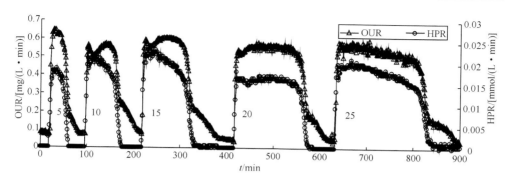

图 6.4　间歇试验中 OUR 和 HPR 响应曲线图

表 6.1　$S_{NH}(t_0)$ 实测值与基于 OUR、HPR 的计算值统计结果

间歇试验序号	1	2	3	4	5
实测值/(mg/L)	4.38	9.52	14.35	18.87	24.18
基于 OUR 的计算值/(mg/L)	4.59	9.24	13.99	18.46	23.92
相对误差/%	4.79	−2.94	−2.51	−2.17	−1.08
基于 HPR 的计算值/(mg/L)	4.01	9.12	14.09	18.60	24.05
相对误差/%	−8.45	−4.20	−1.81	−1.43	−0.54

3. 硝化过程 NH_4^+-N 氧化速率

对间歇试验过程定时取样实测 NH_4^+-N 浓度,同基于 OUR 和 HPR 预测的 NH_4^+-N 浓度值进行比较。图 6.5(a)、(b)分别是初始 NH_4^+-N 浓度为 20mg/L 和 25mg/L 的试验中 NH_4^+-N 浓度变化曲线,三条曲线变化趋势基本一致,(a)图中基于 OUR 和 HPR 的计算值数组同实测值数组间的相关系数分别为 0.997 和 0.999,(b)图中分别为 0.997 和 0.999。总体而言,运用 OUR 和 HPR 均能较好地模拟 NH_4^+-N 降解动态过程。OUR 和 HPR 已被用于废水生物处理过程动力学研究,例如 Petersen 等分别使用 HPR 和 OUR 测量数据进行两步硝化模型参数校核[17],经校核的参数精度都较高,但使用 HPR 测量数据进行校核时的收敛速度更快;Gernaey 等的研究发现使用 OUR 和 HPR 测量数据可以改进碳源好氧降解模型参数估计的置信区,并可同时估计细胞产率系数(Y_H)和细胞氮含量(i_{NBM})[18,19];Sin 等通过使用间歇试验的 OUR 和 HPR 测量数据,对包含 CO_2 非线性传输过程的碳源好氧降解进行了校核[20],为利用 OUR 和 HPR 测量数据校核活性污泥好氧模型(碳氧化和硝化过程模型)提供了很好的基础。

由图 6.5 易看出,基于 OUR 和 HPR 的计算值均比实测值偏高,说明是系统误差所致,可通过模型校核解决:①基于 OUR 的预测模型中的自养菌产率系数

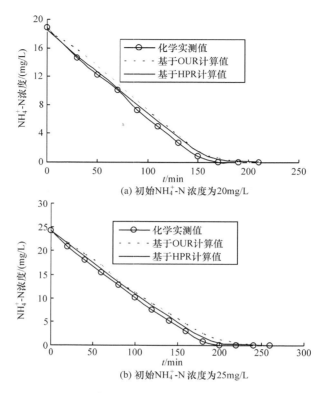

图 6.5　硝化过程 NH_4^+-N 实测值与基于 OUR 和 HPR 的计算值

Y_A（本研究取默认值 0.24）需要校核，不同活性污泥的 Y_A 会有所不同；②基于 HPR 的预测模型中需考虑背景质子变化速率（background proton variation rate，BPVR），BPVR 是除硝化过程之外的因素造成的质子变化速率。在本研究及通常的滴定测量应用中都假设 BPVR 在整个试验过程中保持恒定，用直接滴定测量结果减去 BPVR，便认为是硝化反应造成的 HPR[18,21]。这种假设虽然简化了操作，但准确度受到影响。通常影响 BPVR 的主要因素是 CO_2 产生和吹脱，当对混合液曝气时，其 pH 倾向达到一个平衡值 pH_e（该值主要由碳酸氢盐缓冲系统决定）。当滴定测量设定值 pH_{st} 比 pH_e 高时，便产生了 BPVR。当 pH_{st} 与 pH_e 之间的差值增大时，BPVR 随之增大；更强烈的曝气能够促进更多的 CO_2 被吹脱，导致系统 pH_e 升高，BPVR 便会降低。因此对于异养菌外源活性显著和气体传输过程显著的系统，该假设很难成立。在 CO_2 传输速率（carbon dioxide transfer rate，CTR）未知的情况下，CO_2 吹脱的影响难以被精确计算，除非在特殊情况下，如 pH 大于 8。目前，已有学者专门对此进行研究，Pratt 等通过试验研究量化了 CO_2 传质对滴定测量数据的影响[10]。

上述结果表明，应用呼吸-滴定测量仪可精准、高频采集 DO、pH、OUR 和

HPR 等信号。这些参数均可作为废水生物处理过程控制的重要参数。呼吸测量仪和滴定测量仪可联合或分开使用,呼吸测量适用于废水生物处理的好氧过程监测,而滴定测量方法可用于任何发生质子变化的生物化学反应的监测。

6.3　双 pH 电极连续滴定测量方法的应用

6.3.1　材料与方法

采用两支 pH 电极的双 pH 电极连续滴定测量方法同采用一支 pH 电极的第一种方法有着实质性的不同,关于第一种方法已经有不少报道,并且作者也进行了进一步的验证,但第二种测量方法是首次提出,对于其是否也能获得可行的 HPA 和 HPR 测量数据,需要设计试验进行验证。

把图 4.4 中的自动呼吸-滴定测量仪(第二种方法)应用于硝化过程监测,以对其测试性能进行验证。从重庆市某污水处理厂取回曝气池的活性污泥,沉淀后弃去上清液,洗涤 2~3 次,以去除残留的基质和可能有毒的生物代谢产物。试验前用少量 NH_4Cl 基质对污泥驯化几次。取上述污泥适量置于图 4.4 的反应器系统中,污泥浓度为 3000mg MLSS/L 左右,开启曝气和搅拌设备,待污泥处于内源呼吸后,投加已知量的 NH_4Cl 溶液进行呼吸-滴定试验;待反应结束、污泥重新进入内源呼吸后,重复试验。试验温度保持在 25℃,DO 浓度大于 2.0mg/L。

间歇试验中,曝气室和呼吸室混合液体积分别取 4L 和 1L,投加的初始 NH_4^+-N 浓度分别为 3mg/L、4.5mg/L、6mg/L、7.5mg/L、9mg/L 和 10.5mg/L。滴定剂分别是 0.10mol/L 的 HCl 溶液和 0.1mol/L 的 NaOH 溶液,使用较高浓度的 NaOH 溶液可迅速中和硝化产生的质子,同时可减少滴定量以防止混合液总体积变化过大。ΔpH 设为 0.03,采用纳氏试剂光度法实测混合液中 NH_4^+-N 浓度。

基于 HPR 和 OUR 预测 NH_4^+-N 初始和过程浓度的方法同 6.2.1 节。

6.3.2　结果与讨论

1. 化学计量关系

对 NH_4^+-N 浓度分别为 3mg/L、4.5mg/L、6mg/L、7.5mg/L、9mg/L 和 10.5mg/L 的间歇试验过程进行呼吸-滴定在线监测,DO1、DO2 和 OUR 响应曲线见图 6.6,HPA 和 HPR 响应曲线见图 6.7。每次试验 HPA 曲线表现为一个先直线上升后缓慢上升的台阶,总体呈不均匀阶梯状逐渐升高,OUR 和 HPR 曲线同时出现一个"峰",随着 NH_4^+-N 浓度的提高,峰平台持续的时间越长。每次投加底物后,DO1 和 DO2 会同时下降,呈现一个"谷",随着底物浓度的提高,DO1 下降程度变化不大,原因是曝气池中不断充气,但 DO2 下降越来越剧烈,当 NH_4^+-N 浓度增至 10.5mg/L 时 DO2 最大可降至约 1.7mg/L,为保证试验过程中 DO 不受限,没有再继续增大底物浓度。

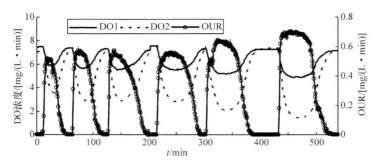

图 6.6　间歇试验中 DO1、DO2 和 OUR 响应曲线图

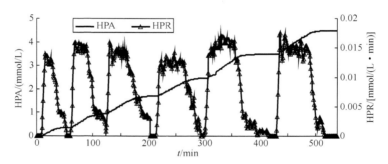

图 6.7　间歇试验中 HPA 和 HPR 响应曲线图

　　前 4 次试验中均没有额外投加碱度,随着底物浓度的增加,pH 下降的程度依次增大,并且待反应完成后很难回到前一个稳定值,而是稳定在一个较低的值,故而到第 4 次试验时 pH 最低下降至 7.05 左右,从这次试验的 OUR 和 HPR 峰值比前面稍有下降可以推测硝化细菌活性受到一定限制。因此,在第 5 次试验中(约 315min)向系统中投加了少量 $NaCO_3$ 溶液,硝化细菌活性有所恢复,OUR 和 HPR 均有所上升。同样,在第 6 次试验前补充了 $NaCO_3$ 溶液,以维持硝化过程所需的碱度和合适 pH 范围,OUR 峰值表现为进一步升高,但可能因投加量过多,一定程度上影响了滴定测量,HPR 峰值并未有明显提高,且波动较前面大。

　　为了考核 OUR 和 HPR 测量信号同反应底物间的化学计量对应关系,把分别基于 OUR 和 HPR 的 $S_{NH}(t_0)$ 计算值与 $S_{NH}(t_0)$ 实测值进行了对比,见表 6.2。基于 OUR 和 HPR 的计算值同实测值间误差均为负数。基于 OUR 的计算值误差基本在 -10% 以内,平均误差 -8.09%。基于 HPR 的计算值误差较大,基本集中在 $-21.44\% \sim -26.5\%$,由于 HPR 测量滞后于 CO_2 吹脱过程,CO_2 吹脱对 HPR 测量结果的影响更大,这与忽略氨氧化菌合成代谢和曝气反应池 CO_2 吹脱对质子产生的影响有关,特别是在采用双 pH 电极连续滴定测量方式的情况下,由于 CO_2 吹脱导致质子消耗,使测量获得的质子产生量小于实际氨氧化过程的质子产生量,从而使得基于 HPR 计算的 NH_4^+-N 严重小于其实际去除量。此外,曝气初期的滴定损失也是造成基于 HPR 的计算值整体误差较大的一个重要原因,即在曝气初期,由于 DO 水平不高,反硝化消耗质子仍在进行,氨氧化产生质子速率还较低,系统内基本无净质子的产生,导致滴定测量不动作。最后一个试验的误差高达 -37% 的原因是在投加 NH_4^+-N 底物前投加了一定量的 $NaHCO_3$,较强的缓冲系统中和了硝化产生的部分质子。图 6.8(a)、(b) 分别显示了基于 OUR 和 HPR (前 5 次)的计算值同实测值间的数学关系,均表现为良好的线性关系,相关系数分别高达 0.998 和 0.997。因此,OUR 和 HPR 与 NH_4^+-N 底物转化间存在着很好的化学计量关系。因碱度是影响滴定测量误差的一个非常重要的因素,所以可推测不同的碱度水平下计算值与实测值间的数学关系会有所不同。

表 6.2　$S_{NH}(t_0)$ 实测值与基于 OUR、HPR 的计算值统计结果

间歇试验序号	1	2	3	4	5	6
实测值/(mg/L)	3	4.5	6	7.5	9	10.5
基于 OUR 的计算值/(mg/L)	2.68	4.09	5.62	7.07	8.17	9.72
相对误差/%	-10.78	-9.08	-6.31	-5.68	-9.26	-7.43
基于 HPR 的计算值/(mg/L)	2.21	3.61	4.66	5.71	7.07	6.62
相对误差/%	-26.5	-19.89	-22.42	-23.93	-21.44	-37

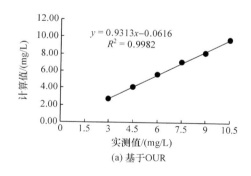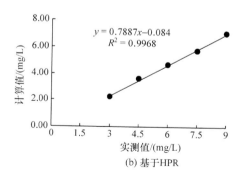

图 6.8　硝化过程 NH_4^+-N 实测值与基于 OUR(a) 和 HPR(b) 的计算值间的关系

2. 测量信号特征点对应关系

为了分析测量到的各种信号间的对应关系,特地集合了某一次间歇试验过程的所有信号,见图 6.9。pH2 基本与 pH1 保持一致,表明滴定能够及时准确地进行。在约第 70min,pH1 开始出现由低变高的明显转折点,对系统进行采样化学分析,表明此时的 NH_4^+-N 浓度接近 0,说明该点指示着硝化过程基本结束。事实上,这一特征点已经被应用于实时监测以控制曝气历时实现短程硝化[22-25]。DO、OUR 和 HPR 均出现明显转折点,表明 OUR 和 HPR 信号均能对硝化过程结束点做出明确指示,并且在该点 OUR 和 HPR 的一阶导数发生巨变,会远远大于 pH 在该点的一阶导数,可见用 OUR 或 HPR 对硝化结束点进行判断比用 pH 更加灵敏。与此同时,HPA 曲线也从该点分为斜率明显不同的两部分,与 Gernaey 等描述的硝化过程碱累计滴定曲线非常类似[12],虽然滴定测量方式显著不同,其采用的是应用一支 pH 电极的滴定方法。由此可见,这种新的滴定测量方式可用于废水生物处理过程控制,并有着显著的优势,根据前面 6.2.2 节的讨论,OUR 和 HPR 还可用于废水生物处理过程动力学表征,说明其在废水生物处理动力学研究中也将发挥重要作用。

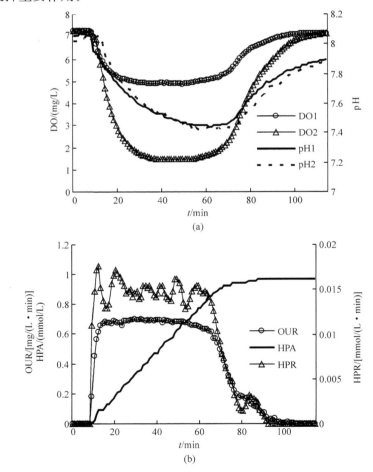

图 6.9　同一间歇试验中 DO1、DO2、pH1、pH2、OUR、HPA 和 HPR 响应曲线图

6.4　自动呼吸-滴定测量装置的优越性

上述试验结果表明,应用自动呼吸-滴定测量仪可精准、高频采集 DO、pH、OUR 和 HPR 等信号,这些信号均可作为废水生物处理过程控制的重要信息。总体而言,本书开发的自动滴定测量装置有极为显著的优势:①每个批实验历时从几十分钟到几小时不等,试验时间跨度大,所有滴定测量完全自动完成,滴定准确度及精度高,数据采集频率和测试效率高;②可实时根据系统 pH 大小判断投加药品,使系统 pH 总能及时稳定在设定 pH 左右;③国外已经开发的滴定单元等均以电磁阀作为药品投加系统,但电磁阀不稳定,脉冲流量需要定期校核[12],而本书开发的滴定装置以高精准度微量泵取代电磁阀进行药品投加,大大降低了仪器误差和不稳定性;④自动滴定测量仪滴定速度的快慢反映了氨氧化反应的快慢,得到的滴定数据不仅能够用于计算反应物(NH_4^+-N)和反应产物(H^+)的量,还可通过对 HPA 一阶求导得到氨氧化过程氢离子变化速率 HPR,HPR 可被用于废水生物处理过程动力学研究;⑤自动呼吸-滴定测量软件,提高了自动化程度,简化了测试过程,使测试结果非常直观。

此外,与单 pH 电极批式滴定测量方式相比,双 pH 电极连续滴定测量方法有着独特的优势:①两根 DO 和 pH 电极的使用使得呼吸、滴定测量真正实现连续测量,不再仅局限于采样批式试验,且测试频率和精度均有极大提高;②该自动呼吸-滴定测量仪可用于任何污水处理厂的现场在线测量,不再仅局限于实验室分析,具有较高的推广应用价值(即图 2.4 中的曝气反应器可用任何实际污水处理池代替)。但是,对 pH 的监测信号只有在实验室小型反应器中才能用于控制,在实际污水处理厂中难以实现。这是因为实际污水处理厂体积较大,电极安放位置是个问题,读数很难反映整体情况;大反应器中缓冲系统强烈,pH 变化远不如实验室 SBR 中明显,通过 pH 过程监测进行控制是难以实施的。

特别需要指出,呼吸测量和滴定测量可联合或分开使用,呼吸测量适用于废水生物处理的好氧过程监测,自动滴定测量方法可用于废水处理生物过程中任何发生质子变化的生物化学反应的监测。在废水生物处理领域,硝化、反硝化、生物除磷及脱碳等过程均伴随着质子的产生或消耗,因此,均可用自动滴定测量仪进行监测,监测结果 HPA 和 HPR 可作为废水生物处理过程控制的重要参数。因此,自动呼吸-滴定测量仪在废水生物处理过程监测和控制中有广阔应用前景。

6.5　本　章　小　结

本章把自动呼吸-滴定测量系统应用于活性污泥硝化过程监测,获取了 DO、

pH、OUR 和 HPR 等响应曲线,测量了活性污泥硝化过程中 HPR 和 OUR 与 NH_4^+-N 过程浓度间的关系,进一步评估了自动呼吸-滴定测量装置测试动态过程的性能,结论如下:

(1) 把 pH 在线监测与滴定剂自动投加系统与混合呼吸测量仪集成,组成自动呼吸-滴定测量仪,可同时测得 OUR 和 HPR 等信号。呼吸测量适用于废水生物处理的好氧过程监测,而滴定测量方法可用于任何发生质子变化的生物化学反应的监测。

(2) 在硝化动态过程试验中,在以 NH_4^+-N 为底物的间歇试验中,基于 OUR 和 HPR 的 $S_{NH}(t_0)$ 计算值及其与 $S_{NH}(t_0)$ 实测值间的相对误差均在 10% 以内,证明 OUR 和 HPR 同 NH_4^+-N 底物转化间均存在着很好的化学计量关系。对间歇试验过程定时取样实测 NH_4^+-N 浓度,同基于 OUR 和 HPR 预测的 NH_4^+-N 浓度值进行比较,结果发现,初始 NH_4^+-N 浓度为 20mg/L 和 25mg/L 的两组试验中,基于 OUR 的计算值数组同实测值数组间的相关系数均为 0.997,基于 HPR 的计算值数组同实测值数组间的相关系数均为 0.999,证明运用 OUR 和 HPR 均能及时准确地反映硝化过程的动态特性。

(3) 把双 pH 电极连续滴定测量方式应用于硝化过程监测,对其测试性能进行验证。在以 NH_4^+-N 为底物的系列间歇试验中,基于 OUR 和 HPR 的 $S_{NH}(t_0)$ 计算值与实测值间均表现为良好的线性关系,相关系数分别高达 0.998 和 0.997,证明 OUR 和 HPR 与 NH_4^+-N 底物转化间存在着很好的化学计量关系。集合了某一次间歇试验过程的所有信号以分析各信号特征点间的对应关系,发现 pH、DO、OUR 和 HPR 信号均能对硝化过程结束点做出明确指示,应用 OUR 和 HPR 判断比 pH 更加灵敏;除了在过程控制中的优势外,OUR 和 HPR 还可用于废水生物处理过程动力学表征。

参 考 文 献

[1] Fang H, Liu H. Effect of pH on hydrogen production from glucose by a mixed culture[J]. Bioresource Technology, 2002, 82(1): 87-93.

[2] Margarida F, Kleerebezem R, van Loosdrecht M. Influence of the pH on (Open) Mixed Culture Fermentation of Glucose: A Chemostat Study[J]. Biotechnology and Bioengineering, 2007, 98(1): 69-79.

[3] Park S, Bae W, Chung J, et al. Empirical model of the pH dependence of the maximum specificnitrification rate[J]. Proc Biochem, 2007, 42: 1671-1676.

[4] van Hulle S W H, Volcke E I P, Teruel J L, et al. Influence of temperature and pH on the kinetics of the Sharon nitritation process[J]. Journal of Chemical Technology and Biotechnology, 2007, 82: 471-480.

[5] Filipe C D M, Daigger G T, Grady C P L. A metabolic model for acetate uptake under anaero-

bic conditions by glycogen accumulating organisms:stoichiometry,kinetics and the effects of pH[J]. Biotechnology and Bioengineering,2001,76:17-31.

[6] Zhang T,Liu Y,Fang H H P. Effect of pH change on the performance and microbial community of enhanced biological phosphate removal process[J]. Biotechnology and Bioengineering, 2005,92 (2):173-182.

[7] Chen Y,Gu G. Effect of changes of pH on the anaerobic/aerobic transformations of biological phosphorus removal in wastewater fed with a mixture of propionic and acetic acids[J]. Journal of Chemical Technology and Biotechnology,2006,81:1021-1028.

[8] Zhang C,Chen Y,Liu Y. The long-term effect of initial pH control on the enrichment culture of phosphorus-and glycogen-accumulating organisms with a mixture of propionic and acetic acids as carbon sources[J]. Chemosphere,2007,69:1713-1721.

[9] 郑弘,陈银广,杨殿海,等. 污水起始 pH 值对序批式反应器(SBR) 中增强生物除磷过程的影响研究[J]. 环境科学,2007,28(3):512-516.

[10] Pratt S,Yuan Z. Quantification of the effect of CO_2 transfer on titrimetric techniques used for the study of biological wastewater treatment processes[J]. Water S A,2007,33(1):117-121.

[11] Henze M,Grady C P L,Gujer W,et al. Activated sludge model No. 1 [C]. IAWQ Scientific and Technical Reports 1. 1987.

[12] Gernaey K,Vanrolleghem P,Verstraete W. Online estimation of Nitrosomonas kinetic parameters in activated sludge samples using titration in-sensor-experiments [J]. Water Research,1998,32(1):71-80.

[13] Petersen B,Gernaey K,Vanrolleghem P A. 2002. Anoxic activated sludge monitoring with combined nitrate and titrimetric measurement[J]. Water Science and Technology,1998,45 (4-5):181-190.

[14] Ilenia I,Valentina I,Stefano M L,et al. A modified activated sludge model No. 3 (ASM3) with two-step nitrification-denitrification[J]. Environmental Modelling & Software,2007, 22:847-861.

[15] Gernaey K,Petersen B,Vanrolleghem P A. Model-based interpretation of titrimetric data to estimate aerobic carbon source degradation kinetics [C]. The 8th IFAC Conference on Computer Applications in Biotechnology (CAB8),Quebec,2001.

[16] 李凌云,彭永臻,杨庆,等 . SBR 工艺短程硝化快速启动条件的优化[J]. 中国环境科学, 2009,29(3):312-317.

[17] Petersen B,Gernaey K,Vanrolleghem P A. Practical identifiability of model parameters by combined respirometric-titrimetric measurements[J]. Water Science and Technology,2001, 43(7):347-355.

[18] Gernaey K,Pertersen B,Nopens I,et al. Modeling aerobic carbon source degradation processes using titrimetric and combined respirometric-titrimetric data: Experimental data and model structure[J]. Biotechnology and Bioengineering,2002,79 (7):741-753.

[19] Gernaey K, Petersen B, Dochain D, et al. Modelling aerobic carbon source degradation processes using titrimetric data and combined respirometric-titrimetric data: structural and practical identifiability[J]. Biotechnology and Bioengineering,2002,79(7):754-767.

[20] Sin G, Vanrolleghem P A. Extensions to modeling aerobic carbon degradation using combined respirometric-titrimetric measurements in view of activated sludge model calibration [J]. Water Research,2007,41(15):3345-3358.

[21] Massone A, Gernaey K, Rozzi A, et al. Measurement of ammonium concentration and nitrification rate by a new titrimetric biosensor[J]. Water Environmental Research,1998,70(3): 343-350.

[22] Peng Y Z, Chen Y, Peng C Y, et al. Nitrite accumulation by aeration controlled in sequencing batch reactors treating domestic wastewater [J]. Water Science and Technology,2004,50 (10):35-43.

[23] Blackburne R, Yuan Z, Keller J. Partial nitrification to nitrite using low dissolved oxygen concentration as the main selection factor [J]. Biodegradation,2008,19:303-312.

[24] Blackburne R, Yuan Z, Keller J. Demonstration of nitrogen removal via nitrite in a sequencing batch reactor treating domestic wastewater [J]. Water Research,2008,42:2166-2176.

[25] Gao D, Peng Y, Li B, et al. Shortcut nitrification-denitrification by real-time control strategies [J]. Bioresource Technology,2009,100:2298-2300.

第7章 基于呼吸-滴定测量监控 SBR 运行实现短程硝化反硝化

SBR 技术是一种常用的废水生物处理技术,具有高运行灵活性、高生物代谢活性、良好的污泥沉淀性能和易于实现自动控制等优势,被广泛用于废水生物脱氮(好氧硝化、缺氧反硝化)和除磷(厌氧吸磷、好氧释磷)等过程。为充分开发利用 SBR 技术的优势,需要基于传感器信号综合监测控制和数据采集(supervisory control and data acquisition,SCADA)系统和可编程序逻辑控制器(programmable logic controllers,PLC)以形成灵活的实时控制策略。但是目前大部分工业规模 SBR 处理厂采用的是基于时间顺序的控制(time-based sequential control,TSC),而不是实时控制(real time control,RTC),并且至今用于控制 SBR 处理厂的大部分传感器仍是一些简单传感器。

近年来,从微生物学角度先后发现了一些新的氮、磷转化途径:短程脱氮、反硝化除磷、好氧反硝化、厌氧氨氧化等。污水短程生物脱氮与其他方法相比被公认为是一种经济、有效和最有发展前途的方法。传统生物脱氮方法首先在硝化过程中利用氧作为电子受体将氨氧化成硝酸盐,然后在反硝化过程中利用有机碳源作为电子供体将硝酸盐还原成氮气从废水中去除,亚硝酸盐中间产物的形成和转化是完全硝化和反硝化过程中必须经历环节。将硝化过程终止在亚硝酸盐阶段随后进行完全反硝化,可实现短程硝化反硝化。与全程脱氮相比,短程脱氮具有以下优点:硝化阶段可减少 25% 的需氧量,降低能耗;反硝化阶段可减少 40% 的有机碳源,降低运行费用;反应时间缩短,亚硝酸反硝化的速率比硝酸盐反硝化速率快 1.5~2 倍[1],反应器容积可减少 30%~40%;污泥产量降低;还可减少投加碱度的量等。因此,在城市污水或工业废水处理中实现短程脱氮,将使生物脱氮的处理效率显著提高,降低处理成本。

短程/捷径脱氮的关键步骤是实现稳定的亚硝化,要在保持氨氧化菌(AOB)正常生长和代谢的前提下,有效抑制亚硝酸盐氧化菌(NOB)的生长,或者将其从活性污泥中淘洗去除。近年文献报道的途径主要有:①采用污泥停留时间小于 NOB 临界倍增时间的连续运行反应器将 NOB 从反应器中淘洗去除。②将 DO 控制在低浓度水平,由于 AOB 比 NOB 具有更高的氧亲和性导致亚硝化过程[2]。③以曝气历时长度作为关键控制因素[3,4],在氨氧化过程完成前或结束时停止曝气,稳定形成亚硝酸盐累积。④控制 pH 在较高水平,使高浓度的游离氨抑制硝化过程[5,6]。在较高温度和适宜 pH 下应用 SBR 反应器处理高氨废水[7-9],是实现短程脱氮的主流。Peng 等、Pambrun 等利用对 SBR 曝气历时长度控制,在高温(30～40℃)和高氨废水中成功实现了亚硝化[4,9]。Yang 等应用基于 pH、ORP、DO 的实时控制,实现了低温下短程脱氮的启动,并稳定运行了 180d,平均亚硝酸盐积累率超过 95%[10]。Gao 等应用实时控制策略解决短程硝化-反硝化的不稳定性问题,发现过量曝气时有从短程硝化向全程硝化转变的趋势[11]。通过采用实时控制,从 ORP 和 pH 曲线上的特征点可以明显识别出短程硝化和全程硝化,由此采取措施防止过度曝气,获得了稳定的短程硝化,亚硝化比率高于 96%。Ma 等通过控制好氧区 DO 处于低水平(0.4～0.7mg/L)用生活污水在连续流前置反硝化工艺中实现了亚硝化,但亚硝酸盐累积破坏了污泥沉淀性能,且出水亚硝酸浓度过高[12]。但 Gao 等采用 DO 和 pH 特征点(拐点)控制 SBR 的好氧段长度,在低浓度 DO(0.4～0.8mg/L)和高浓度 DO(3mg/L)下均实现了长期稳定的短程硝化,在低浓度 DO 下并未发生污泥膨胀的问题[11]。

　　上文提到的短程生物脱氮过程几种在线控制参数各有优劣,杨庆等对其进行了详细的讨论[13]。DO 仅在好氧阶段起作用,因此如果采用 DO 浓度作为控制参数,在缺氧阶段就必须结合其他控制参数,这给控制策略的编制和控制系统的建立带来了麻烦。同理,ORP 仅在缺氧阶段有明显的变化点,在好氧阶段一直上升,没有明显的变化点,因此也必须结合其他的控制参数。pH 在氨氧化结束和反硝化结束时都会出现明显的变化点,采用 pH 作为控制参数既可以控制硝化反应,也可以控制反硝化反应,既可以节省数据存储的空间,同时还可以减少控制器的运算次数,控制策略的编写也得到了简化。DO 在氨氧化结束时出现的是"NH_4^+-N 突越点",即 DO 浓度的上升速率加快,pH 在氨氧化结束时出现的是"氨谷",即由下降变上升;两种曲线的变化规律相比较,pH 曲线的变化规律比较容易用计算机语言实现,而且稳定性也比较高。类似地,在缺氧阶段 ORP 曲线出现的变化点也是速率的突然变化,不如 pH 曲线的变化规律容易用计算机语言实现。因此,综合比较后认为 pH 作为控制参数用于控制策略效果更优。但彭赵旭等却指出在低 DO 低负荷条件下运行时,pH 变化有时并不明显,需要采用 DO 突跃的方法来控制曝气过程的结束[14],再加之 pH 易受碳酸氢盐等缓冲体系影响,用 pH 信号控制也存在一定的局限性,有必要探索其他信号在实际控制中的应用。

　　本章将自动呼吸-滴定测量仪应用于实验室 SBR 曝气时段监测控制上,以实现短程硝化反硝化工艺。首先,同时测量了 SBR 废水生物脱氮过程的 pH、DO 浓度、OUR 和 HPR 等信号,观察这 4 种信号间的对应关系,以及它们同反应底物过程浓度的对应关系,最终建立起用 HPR 等过程信号进行控制的策略,为短程硝化反硝化过程监测控制方法提供另外一种选择。

7.1　材料与方法

7.1.1　试验用水来源和水质

　　试验用水采用人工合成废水,其组成主要有 COD、NH_4^+-N、碱度、TP 和微量元素等,废水成分和浓度详见表 7.1。所配制的合成废水主要组分及浓度均与城市生活污水接近,以此来模拟 SBR 对城市生活污水的处理效果。每 2~3 天配一次进水。进水 pH 约为 7.82。启动 SBR 所用活性污泥取自重庆市某城市污水处理厂曝气池,该污水处理厂采用具有脱氮功能的 CAST 工艺。

表 7.1　人工合成废水组成和浓度

成分	浓度/(mg/L)	水质指标	浓度/(mg/L)
$CH_3COONa \cdot 3H_2O$	548	COD	250
NH_4Cl	192	NH_4^+-N	50
$NaHCO_3$	336	碱度(以 $CaCO_3$ 计量)	200
KH_2PO_4	20	TP	4.6
微量元素营养液			5mL/L

注:微量元素营养液组成(g/L)为:$MgCl_2 \cdot 7H_2O$ 3.6;$CaCl_2 \cdot 7H_2O$ 1.6;$ZnSO_4 \cdot 7H_2O$ 0.08;$MnSO_4 \cdot H_2O$ 0.06;$CuSO_4 \cdot 5H_2O$ 0.04;H_3BO_3 0.01;$Na_2MoO_4 \cdot 2H_2O$ 0.036;$CoCl_2 \cdot 6H_2O$ 0.09;EDTA 2.4。

7.1.2　试验装置

　　试验采用 SBR 工艺,试验装置如图 7.1 所示。SBR 总有效体积 8L,采用鼓风微孔曝气方式,用空气流量计调节曝气量,采用机械搅拌装置进行搅拌。设计的 SBR 反应器以同心圆的形式分为内外两室,外面圆环形的腔室除在底部和顶部各有一进水口和出水口外,其余密闭,用潜水泵不断把恒温水浴锅中的水经底部进水口泵入腔室,经顶部出水口流回恒温水浴锅,形成闭路循环,从而保证 SBR 反应器内室的污泥混合物保持恒温。温度控制在 20℃。利用所开发的自动呼吸-滴定测量系统在线监测 pH、DO 浓度、OUR 和 HPR。通过在线监测 DO 浓度、pH、HPR 的变化,及时停止曝气,阻止亚硝态氮的进一步氧化,实现短程硝化。SBR 共经历了启动期和稳定期两个阶段,启动期主要研究了启动初期全程硝化的信号特征和短程硝化的逐步实现过程,稳定期主要研究了短程硝化的稳定性。

　　SBR 工艺运行过程中采用限制性曝气和前置反硝化的运行方式,为方便操作,简化了控制策略,固定周期长度为 4h(1 天 6 个周期),且在每个周期内除了曝气时段根据在线监测结果灵活调整外,其他进水、缺氧搅拌、排泥和排水阶段均固定时间,因此,闲置时段依据曝气时段变化而变化。每个周期的具体运行工况见

图 7.1　SBR 装置实物照片

图 7.2:进水 18min,并在进水时开始搅拌;进水结束后接着缺氧搅拌 30min;曝气(碳化和硝化反应)时长根据在线监测 pH、DO 和 HPR 值的变化确定;排泥,在曝气结束后继续搅拌几分钟以方便排泥;沉淀约 30min;出水 18min;闲置。污泥泥龄为 12d。前置反硝化(即交替缺氧/好氧)SBR 不仅能够在前置缺氧阶段有效去除硝酸盐(或亚硝酸盐)和 COD,而且可以通过影响微生物群落而影响硝化速率[15]。

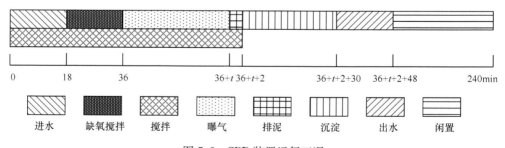

图 7.2　SBR 装置运行工况

7.1.3　分析测试项目及方法

　　COD 采用标准重铬酸钾法测量,NH_4^+-N 采用纳氏试剂分光光度法,NO_2^--N 采用 N-(1-萘基)-乙二胺光度法,NO_3^--N 采用酚二磺酸光度法,SV、SVI 按国家标准方法测定,MLSS 和 MLVSS 的测量按照过滤、105℃烘干 2h、550℃灼烧 2h 和称重的方法进行,DO、pH、OUR 和 HPR 用自动滴定-呼吸测量系统测量。通过化学分析 SBR 出水主要组分浓度评价 SBR 运行效果及短程脱氮的实现程度;通过一个周期内的 SBR 定时采样化学分析确定在线测量信号变化趋势的意义。

7.2　SBR 全程硝化段的 pH、DO 和 OUR 在线监测

实验室 SBR 启动后,应用所开发的自动呼吸-滴定测量系统进行监测,其中的 pH 采用第一种方式进行测量。启动初期为全程脱氮,先对 SBR 运行过程进行了 pH、DO 和 OUR 信号的在线监测和初步探索。

7.2.1　pH 和 DO 变化规律

把 SBR 按 7.1.2 中描述的运行工况运行,前置反硝化可以有效利用进水中的 COD 作为碳源。图 7.3 分别是过度曝气(a)和适当曝气(b)下进行监测得到的 SBR 过程 DO 浓度和 pH 变化,考察了过度曝气对其后搅拌阶段的 pH 值响应的影响情况。由图知,缺氧搅拌阶段,pH 均呈快速上升趋势,约 20min 后稳定下来。启动曝气后,pH 初期先缓慢上升((b)图中更加明显)、随后以较快的速度下降、再缓慢下降,直至 240min 时出现非常明显的转折点,该点被称为"氨谷",即指示着

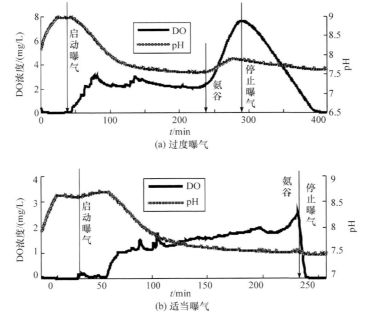

(a) 过度曝气

(b) 适当曝气

图 7.3　过度和适当曝气下 SBR 好氧阶段 DO 浓度和 pH 响应曲线图

氨氧化结束,被用于生物短程脱氮曝气时段的控制[16];DO 在 232min 处开始迅速上升,约比 pH"氨谷"值早出现 8min。当 pH"氨谷"出现后,图 7.3(a)继续曝气,图 7.3(b)中及时停止曝气,两者 pH 在曝气停止后均呈现缓慢下降的趋势;在 DO 降至 0 之后,(a)、(b)图中两者的 pH 均稳定在 7.5 左右。当氨氧化结束后 pH 上升主要是曝气带动碳酸氢盐缓冲系统平衡移动引起的,亚硝酸盐氧化基本不会造成 pH 变化。

7.2.2　OUR 变化规律

图 7.4 为 SBR 曝气时段 OUR、pH 的测量结果。图中开始一段为缺氧搅拌阶段的最后部分,pH 基本无明显变化,OUR 为 0。约在第 10min 随着曝气的开启,pH 开始上升,OUR 出现轻微波动,并稍有升高,但依然保持在较低的值,存在滞后现象。在 pH 上升到最大值时,OUR 开始迅速上升,并在几分钟内上升到最大值,随后 pH 和 OUR 同步下降。在 pH 值逐渐趋于稳定之后转折出现上升的时间内,OUR 一直维持一个稍向下倾斜的平台,并没有因为 pH 上出现转折点(在约 110min)而有明显变化。直到约 130min 曝气停止时,OUR 才出现陡然下降的转折点。

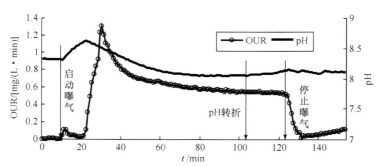

图 7.4　SBR 曝气阶段 OUR 和 pH 变化曲线

根据以上结果,可以得到如下结论:

(1) 在 pH 出现硝化结束点"氨谷"时,OUR 未出现明显转折点,因此用 OUR 不能指示氨氧化结束,它不能作为控制短程硝化曝气结束的控制信号。这是因为在氨氧化随后的亚硝酸盐氧化阶段,仍需要消耗氧气,产生 OUR 响应。

(2) 虽然不能作为短程硝化控制信号,但 OUR 对两步硝化动力学研究意义重大。OUR 响应是氨氧化和亚硝酸盐氧化两步过程的综合反映,可结合 HPR(只反映了氨氧化一步)对两步硝化进行区分研究。如果在图 7.4 的基础上接着曝气,允许亚硝酸盐充分氧化,就可以得到完整的两步硝化过程 OUR 曲线。

7.3　SBR 全程硝化段的 HPR 在线监测

应用自动呼吸-滴定测量系统对 SBR 反应器曝气阶段进行滴定测量,采用双 pH 电极连续滴定测量方式,所用装置为图 4.4 所示的测量装置,两支 pH 电极分别放在测量室的入口和出口处,分别测量流入和流出测量室的混合液的 pH,不同的是把图中大反应器用 SBR 代替,构成一个循环系统,这样可直接在线测量 SBR 中反应情况。

7.3.1　HPR 变化规律

对 SBR 反应器进行了 HPR 测量,结果见图 7.5。由于混合液在测量室中有一定的停留时间,pH2 读数略滞后于 pH1,因此在 pH 值开始下降时滴定并未开始,而是几分钟后才开始,这表明监测到的 HPR 信号会遗漏硝化过程的初始一小部分。在约 140min,pH 出现明显上升的转折点,与此同时,HPR 也开始从一个较高的平台发生陡降。pH 曲线明显上升的转折点指示着氨氧化结束,说明 HPR 亦可用于 SBR 曝气时段的控制。此外,根据前面大量的研究及已经得到的 OUR 响应,HPR 同 OUR 形状相似,与理论相符,可以判断,图 7.5 中的 HPR 曲线基本符合硝化过程的氢离子变化速率。

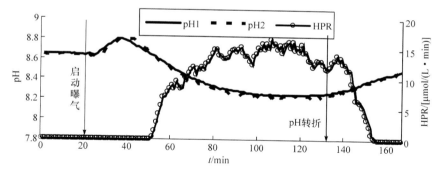

图 7.5　SBR 曝气阶段 pH1、pH2 与 HPR 响应曲线图

从图 7.5 中 pH 同 HPR 的对比可以看出,pH 和 HPR 均能作为氨氧化结束的指示信号。氨氧化的结束点在 pH 曲线上表现为 pH 由下降或稳定转为上升的极值点,在 HPR 曲线上表现为 HPR 由一个平台(约 $15\mu mol/(L \cdot min)$)向另一个平台(0)陡降的突跃,因平台的判断较之点的判断更加容易,显然,后者作为控制变量较前者更加灵敏,从这个层面讲,用 HPR 进行控制优于用 pH 进行控制。根据方程(6.4)HPR 从一个较高水平快速下降到一个较低水平,意味着氨氧化(产生质子)的速率快速下降,再根据氨氧化速率方程(6.3),说明混合液中 NH_4^+-N 快速下

降到较低水平。理论上,即使在 NH_4^+-N 浓度较低时,氨氧化反应仍将继续,同时其产物亚硝酸盐氧化速率将加速上升。所以,只有在 HPR 发生陡降时就停止曝气,才能有效实现短程硝化。同时采用测量系统中所开发的 pH 电极一致性检验程序进行软校核,以减少由于两支电极性能差异导致的误差。

7.3.2　HPR 用于 SBR 硝化段的 NH_4^+-N 浓度估计

HPR 可以用于硝化过程动态研究,这是 pH、DO 和 ORP 等信号所不能实现的。首先 HPR 可用于动态过程组分浓度估计,图 7.6 显示了 SBR 好氧阶段 NH_4^+-N 浓度实测值与基于 HPR 的计算值的比较,虽然计算值整体低于实测值,但两条曲线近乎平行,计算值数组同实测值数组间的相关系数为 0.998,总体趋势一致性甚好。导致计算值低于实测值的原因主要与滴定测量系统的结构有关:通过测量室获得的硝化过程质子产生速率信息始终滞后反应室 Δt(混合液在测量室的停留时间),因此系统实际上是在硝化反应发生 Δt 时间后方才开始滴定,而在该段时间内 NH_4^+-N 已经部分降解,致使基于 HPR 所计算的初始 NH_4^+-N 浓度遗漏了已经降解部分。另外,在曝气的初期,由于 DO 水平不高,反硝化消耗质子仍在进行,此外氨氧化产生质子速率也较低,综合作用的结果是系统内基本无质子产生或消耗,这时的滴定测量不动作也将导致基于 HPR 的计算结果偏低。

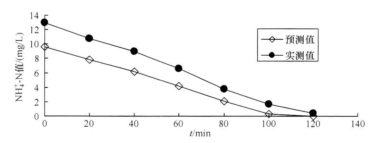

图 7.6　SBR 好氧阶段的 NH_4^+-N 实测值与基于 HPR 的估计值

设硝化过程 NH_4^+-N 实测浓度为 Y,基于 HPR 的 NH_4^+-N 计算浓度为 X,Y 同 X 的数学关系为一元线性方程:

$$Y = aX + b \tag{7.1}$$

采用最小二乘法对两组数据拟合,得到:

$$Y = 1.2599X + 1.0072 \tag{7.2}$$

对于不同的活性污泥等具体情况,a 和 b 可以通过具体试验进行校核,用上述方法拟合得到。b 代表了基于 HPR 的计算值在曝气开始时遗漏的那部分浓度,在进水浓度和 SBR 体积交换比 VER 一定的前提下,它与污泥浓度、污泥活性、及活性污泥中硝化细菌所占比例等直接相关。在这些因素均一定的前提下,(7.1)中的常数项是滴定延迟时间 t 的函数,还可以通过公式(7.3)求得。

$$b = ct \tag{7.3}$$

式中,c 为平均 NH_4^+-N 降解速率,mg/L·min^{-1};t 是在曝气开启后从 pH 开始下降至滴定开始的时间间隔,min。

平均 NH_4^+-N 降解速率 c 为 0.0932mg/(L·min)$^{-1}$,试验中观察到的滴定延迟时间 t 约为 11min,因此 b 的计算值约为 1.0259mg/L,与拟合值 1.0072mg/L 非常接近,证明用这种方法求 b 是可行的。

7.4 监测控制 SBR 运行实现短程硝化反硝化

7.4.1 监测控制策略

通过监测控制实现实验室 SBR 短程硝化的核心思想是基于 AOB 和 NOB 不同的特征,创造利于 AOB 生长的环境,从而逐步淘汰 NOB。AOB 和 NOB 的氧半饱和常数分别为 0.2~0.4mg/L 和 1.2~1.5mg/L[17],在 NH_4^+-N 浓度一定的前提下,DO 越低,AOB 在和 NOB 的竞争中就越有优势。按照这个特点,通过长期控制系统在低 DO 条件下运行,并不断排泥筛选菌种,就可以使 AOB 逐渐积累,最终实现短程硝化。如果曝气过度,亚硝酸盐就会向硝酸盐转化。可利用曝气过程中 pH 曲线上的氨谷点、DO 浓度曲线上的突跃点和 HPR 曲线上的转折点来控制曝气过程及时结束。

采用 pH 和 HPR 作为主要监测信号,及时停止曝气、控制好氧时段,严格控制 SBR 以实现短程脱氮。污泥泥龄设为 12 天,每天 6 个周期。反应器的运行由时间继电器自动控制,根据需要对进水、曝气、搅拌、排泥、沉淀和出水各过程的启动、停止时间进行调整。虽然周期长度也是固定的,但和以往的固定时段控制方式明显不同,因为每个周期内的曝气时段是灵活的,方法是每天对一个 SBR 周期进行一次 pH 和 DO 浓度在线监测,确定最新的短程硝化曝气时段,对时间继电器的设置校核一次,防止过度曝气。为了使进水组分更贴近重庆市城市生活污水,对进水浓度进行了适当调整,把 COD 浓度增大为 360mg/L,NH_4^+-N 浓度减为 40mg/L,以 $CaCO_3$ 计量的碱度($NaHCO_3$)减小至 150mg/L,其他指标不变,详见表 7.2。每 3 天对出水 COD 和三氮浓度进行一次测量。

表 7.2 调整后的人工合成废水组成和浓度

成分	浓度/(mg/L)	水质指标	浓度/(mg/L)
$CH_3COONa \cdot 3H_2O$	788.5	COD	360
NH_4Cl	152.9	NH_4^+-N	40
$NaHCO_3$	252	碱度(以 $CaCO_3$ 计量)	150
KH_2PO_4	20	TP	4.6
微量元素营养液		5mL/L	

　　试验进水 COD 和 NH_4^+-N 分别在 360mg/L 和 40mg/L 左右,进水完毕之后的测量值分别为 80.2mg/L 和 12.23mg/L 左右,考虑到稀释作用(体积交换比为 0.33)进水结束后溶液中 COD 和 NH_4^+-N 理论值应分别为 118.8mg/L 和 13.2mg/L,这与实测值相差了不少。减少的 COD 一部分被污泥絮体表面吸附;一部分可能被微生物吸收合成内碳源;因不是瞬时进水,进水维持了一定时间,还有一部分被用于反硝化的碳源。减少的 NH_4^+-N 主要是一部分被污泥絮体表明吸附,一部分被微生物吸收用于细胞合成。

7.4.2　SBR 短程硝化反硝化的启动

　　图 7.7 为 SBR 运行期间 NH_4^+-N 浓度、COD 和亚硝酸盐积累率(nitrite accumulation rate,NAR)(NO_2^--N/(NO_2^--N $+NO_3^-$-N))的变化情况图;图 7.8 为运行期间出水 COD、NH_4^+-N 浓度、NO_2^--N 浓度和 NO_3^--N 浓度变化曲线图。图中 phaseI 代表未进行实时控制,系统处于全程硝化反硝化段,由于曝气充分,COD 和 NH_4^+-N 去除率几乎为 100%,亚硝酸盐积累率接近 0。

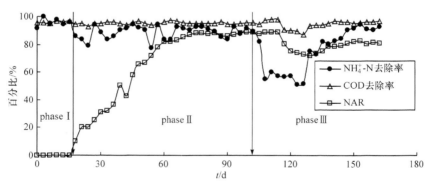

phase Ⅰ. 全程硝化段; phase Ⅱ. 实时控制段; phase Ⅲ. 污泥膨胀及调整段

图 7.7　SBR NH_4^+-N、COD 去除率和 NAR 曲线图

　　phaseⅡ段为对处于全程硝化反硝化的 SBR 进行监测控制,逐步实现短程硝化反硝化的过程。约从第 16d 开始,采用上述制定的启动方案,对 SBR 进行监测控制。进行短程脱氮控制后,由于控制了曝气强度和时间,第 21d 时亚硝酸盐积累率快速增长至 20%,至第 40d 左右时亚硝酸盐积累率即上升到了 50%,进入了短程硝化状态;随后上升的速率基本保持稳定,直到上升至接近 80% 时上升速率明显变小,运行到约 78d 亚硝酸盐积累率达到 88% 并稳定下来。采取短程脱氮控制措施后出水 NH_4^+-N 浓度有所提高,可能是限制了 DO 导致少量 NH_4^+-N 没有氧化完毕,但出水 NH_4^+-N 浓度仍在 4mg/L 以下,去除率在 90% 以上;出水 COD 在

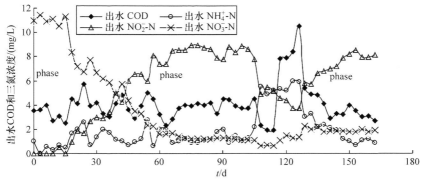

phase Ⅰ. 全程硝化段；phase Ⅱ. 实时控制段；phase Ⅲ. 污泥膨胀及调整段

图 7.8　出水 COD、NH_4^+-N、NO_2^--N 和 NO_3^--N 浓度变化曲线图

6mg/L 以下，其在全程脱氮和短程脱氮过程中的去除情况基本相同，去除率仍在 95％以上。在试验过程中发现，随着亚硝化积累率的逐渐提高，在曝气流量一定的情况下曝气时间逐渐缩短，这种情况的出现充分说明了亚硝化细菌在总的硝化细菌中所占的比例逐渐增多。

Blackburne 等通过在线测量好氧阶段的 OUR，当测量值低于最初确定的比较值时，及时停止曝气，最终在前置反硝化 SBR 处理城市污水时获得了短程硝化脱氮[3]。与 Peng 等[4]和 Lemaire 等[18]不同，Blackburne 等在曝气终止后既不投加外部碳源也不进污水，反应器进入沉淀之前的一个闲置状态，通过内源亚硝酸盐呼吸进行可忽略的反硝化。模拟研究表明，仅基于曝气长度控制的前置反硝化 SBR 的短程硝化的启动比起后置反硝化 SBR（在硝化之后进入缺氧段，并投加碳源）需要更长的时间。这并不奇怪，因为提供碳源的后置反硝化阶段会更迅速地去除积累的亚硝酸盐，这也是研究中短程硝化的启动时间比 Peng 等的研究更长的原因。

7.5　SBR 短程硝化反硝化的稳定性运行

通过实时监测 pH、DO 和 HPR 等信号，控制 SBR 曝气时段，实现了实验室 SBR 短程硝化反硝化工艺（图 7.7 和 7.8 的 phaseⅡ段）。但是，在连续运行了三个多月后，活性污泥沉淀性能有所下降，颜色变浅，测试发现污泥 SVI 高达 198.6mL/g，通常 SVI 高于 150mL/g 时就被认为发生了污泥膨胀（见图 7.7 和 7.8 的 phaseⅢ段）。

7.5.1　污泥膨胀原因分析

污水处理中的污泥膨胀主要有非丝状菌膨胀和丝状菌膨胀。非丝状菌性膨胀是由于菌胶团细菌活动异常,细菌细胞外有黏度极高的黏性物质,后者与大量水结合,导致活性污泥沉降性能的恶化。发生膨胀时 SVI 值很高,污泥很难沉淀、压缩,但处理效能仍很高,上清液清澈。非丝状菌膨胀主要发生在废水水温和 DO 浓度较低而污泥负荷过高。污泥负荷高,细菌吸收了大量营养物,但由于温度低、DO浓度低,代谢速度较慢,有机物来不及代谢,就积蓄起大量高黏性的多糖类物质,这使污泥的表面附着水大大增加,导致污泥膨胀,通过显微镜镜检几乎没有丝状菌存在。

丝状菌膨胀顾名思义是由丝状菌引起的污泥膨胀,其发生主要与下列因素有关:①废水水质,许多研究认为这是造成丝状膨胀的最主要因素。含溶解性碳水化合物的废水常发生由浮游球衣菌引起的丝状膨胀,含硫化物高的废水常发生由硫细菌引起的丝状膨胀,缺乏氮、磷等养料也易发生丝状膨胀。通常人们认为溶解性的小分子碳源容易产生污泥膨胀,像乙酸钠、丙酸钠等,因为大多数的丝状菌都有较好的储存利用这类小分子碳源的能力[19]。②污泥负荷。污泥负荷过高或过低都有可能会引起污泥膨胀,实践中可以通过对活性污泥的浓度的改变来进行某种程度的调节。③DO 浓度。曝气量不足、DO 浓度偏低时,易发生丝状菌性膨胀。丝状细菌比菌胶团细菌有更高的 DO 亲和力和忍耐力,因此在低氧条件下丝状菌胶团细菌对 DO 有更强的竞争力。但浓度过高不仅造成动力浪费,而且易使污泥老化解絮,出水悬浮物增加。④低温。一般来说,低温容易引起污泥膨胀,突然降温也会引起膨胀。

根据上述分析,实验室 SBR 进水 COD 由乙酸钠配制而成,高达 360mg/L,因此进水含溶解性碳水化合物浓度过高以及污泥负荷偏高,加之 SBR 好氧阶段 DO 浓度偏低(低于 2mg/L),这些因素都是导致污泥膨胀的可能原因。

1) 污泥微膨胀

在实验室 SBR 刚出现膨胀时(phaseⅢ段的第一周),污泥有点难以压缩和沉淀,有黏性,污泥颜色变浅,泥水混合液难过滤,但是上清液十分澄清。对 SBR 出水进行化学分析显示,出水中 COD 浓度很低,COD 去除率基本不变,出水 NH_4^+-N浓度有所升高,说明 NH_4^+-N 去除率有所下降,但 NAR 基本不变,维持在 88% 左右。左金龙等[20]研究了 SBR 反应器中低 DO(平均 DO 浓度为 $0.6\sim0.9mg/L$)微膨胀前后污泥硝化活性的变化,结果发现发生污泥微膨胀后活性污泥对 COD 的去除能力有较大的提高,对 NH_4^+-N 去除能力却有一定下降。污泥微膨胀的状态下,活性污泥中丝状菌成为优势菌种,而硝化细菌成为非优势菌种,污泥的总硝化活性降低。

有文献报道指出,由于低 DO 引发的丝状菌污泥膨胀,若其程度控制得当,不但不会影响处理效果而且还可节省大量曝气能耗。彭赵旭等提出[14],通过维持低 DO 和准确控制曝气时间可以逐步在污泥微膨胀状态下实现短程硝化,在污泥发生微膨胀后并没有采取其他措施,而是试图通过更精准的控制曝气时间进一步维持短程硝化。但是,试验并未达到预期目的,几天后发现污泥进一步恶化。不过彭赵旭等也指出[14],试验是在活性污泥处于丝状菌微膨胀的活性污泥基础上成功启动短程硝化反硝化,但是能否在实现短程硝化反硝化稳定后控制丝状菌微膨胀实现两者结合还需要进一步的研究。

2) 污泥膨胀

对上述发生微膨胀的污泥只采取控制曝气时间一种措施数天后(约第 115d),出水 NH_4^+-N 和 COD 浓度升高,两者去除率均下降很多,NAR 也有所下降。观察发现污泥颜色进一步变浅,膨胀加剧,甚至在出水中带走一部分污泥,造成污泥流失。此时对污泥进行镜检发现,存在大量的丝状细菌,见图 7.9,说明污泥已经发生了较严重的丝状菌膨胀,但并不排除同时也存在非丝状菌膨胀。

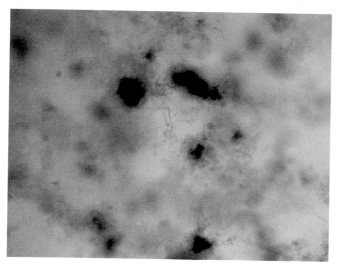

图 7.9 污泥膨胀后的污泥形态图(×200)

分析造成污泥丝状膨胀的原因,除了上述已经分析的高污泥负荷、低 DO 浓度、温度偏低(16～20℃)等原因外,出水中硝酸盐浓度偏高也许也是一个原因。陈梅雪等认为因硝化反硝化过程不完全而导致硝酸盐及 NH_4^+-N 的累积是污泥膨胀的重要原因[21]。试验所采用的 SBR 为前置反硝化工艺,硝化结束后进入沉淀阶段,随后排水,因此出水中亚硝酸盐及硝酸盐浓度均较高。Ma 研究发现,亚硝酸盐积累会导致污泥沉淀性能恶化,在高亚硝酸盐累积阶段 SVI 很高,当亚硝酸盐积累随 DO 浓度增加而下降时 SVI 迅速下降[22]。这项研究显示亚硝酸盐累积会对污泥絮状结构造成有害影响。Casey 等认为较差的污泥沉淀性能可能源自于反硝化中间产物对絮状物结构的抑制[23]。关于亚硝酸盐和硝酸盐累积对污泥膨胀的影响还需要进一步研究。

7.5.2　短程硝化反硝化污泥膨胀的控制

针对已经发生的污泥丝状菌膨胀现象,试验中采取如下措施进行控制:

(1)膨胀导致部分污泥随出水流失,从污水处理厂曝气池中新取回活性污泥,投入实验室 SBR 中进行补充,污泥沉沉性能很快得到改善。新的活性污泥的添加导致 SBR 中污泥浓度、微生物种群构成等均发生了显著变化,导致亚硝酸盐累积率降低。通过在线监测 pH、DO 浓度等信号,对 SBR 曝气时段进行重新调整,保证短程硝化不恶化。

(2)增大曝气量,适当调高 DO 浓度。措施(1)并不能从根本上解决污泥膨胀问题,只能暂时改善污泥沉降性能。许多研究都表明低 DO 活性污泥发生膨胀时可以通过强化曝气进行控制[24,25]。DO 浓度提高后的 SBR 曝气阶段 pH 和 DO 曲线见图 7.10。曝气结束时 DO 浓度高至 4.8mg/L。

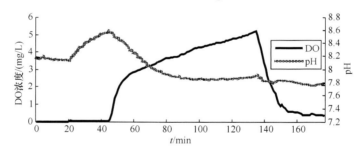

图 7.10　膨胀消除后的 SBR 好氧阶段 pH 和 DO 曲线图

(3)改变体积交换比(VER)。污泥发生膨胀前 VER 一直维持在 0.3,膨胀后为了降低出水硝态氮和亚硝态氮浓度,适当提高 VER 为 0.35,考虑到 VER 过高会影响出水水质,导致 SS 过高,因此,并未把 VER 调至更高。彭赵旭等通过改变进水体积交换率和辅助调节曝气量的方法有效维持活性污泥的沉降性[14],通过把 VER 在 0.25~0.33 适时调节,控制 SVI 在 150mL/g 附近小幅波动。

采取以上控制措施对系统运行 10d 后,化学分析结果显示,出水 NH_4^+-N 浓度和 COD 浓度均在检测限以下,曝气结束时亚硝酸盐积累率又重新回到了 80% 以上。之后系统又运行了约 30d,污泥沉淀性能没有再恶化,系统重新实现了稳定的短程硝化。

虽然本书及大量文献都证明通过控制 NOB 的生长,不管是对连续运行系统还是间歇运行系统,也不管是处理城市污水还是工业污水,实现废水生物短程脱氮均是可行的,但这项技术能被广泛应用之前还需要了解亚硝酸盐积累对 N_2O 积累和排放的影响。N_2O 的温室效应是 CO_2 的 $200\sim300$ 倍,其在硝化和反硝化阶段均有产生。有很多证据证明亚硝酸盐的积累会造成 N_2O 的积累。Itokawa 等报道称亚硝酸盐积累是反硝化污泥中 N_2O 产生的原因[26]。Zeng 等发现在同时脱氮除磷的活性污泥系统中,当亚硝酸盐浓度为 1mg/L(以 N 计)时,N_2O 取代 N_2 是反硝化的主要产物[27]。Zhou 等证明游离亚硝酸(free nitrous acid,FNA)是 N_2O 还原酶的强抑制剂[28]。研究发现活性污泥的 N_2O 还原活性在试验中随着 FNA 浓度的增加而降低,50% 抑制发生在 FNA 浓度在 $0.0007\sim0.001$mg/L(以 N 计)(约为 pH 为 7 下的 $3\sim4$mg/L)时。然而,相反的情况也有报道,Betlach 等认为投加亚硝酸盐不会总是引起氧化态氮的积累[29]。在他们的研究中投加亚硝酸盐浓度在 3.86mg/L(以 N 计)不会抑制两种微生物。为了能够实现在亚硝酸盐脱氮途径取得成功的同时又不排放 N_2O,还需要深入了解 N_2O 积累对亚硝酸盐或 FNA 的依赖性。硝化污泥种群优化还是一个正在发展的理论[30],虽然在过去的几年中取得了显著的进步,但仍需要付出巨大努力。

7.6　本　章　小　结

把自动呼吸-滴定测量仪应用于实验室 SBR 曝气时段控制上,实现了短程硝化反硝化:

(1) 初始启动 SBR 时,为全程脱氮,用自动呼吸-滴定测量仪测量了好氧阶段的 pH、DO、OUR 和 HPR 等信号,对 SBR 内反应过程进行了初步探索。在线监测发现在氨氧化结束处 pH、DO 和 HPR 均有明显的特征点,如果在此处停止曝气,控制好氧时段,会逐渐实现短程硝化,如果在该特征点之后继续曝气,会不利于短程脱氮的实现。

(2) 应用两支 pH 电极的测量方式在线测量 SBR 的 HPR 值,测量到的 HPR 曲线基本符合硝化过程的氢离子变化速率。并且,HPR 作为控制变量较 pH 更加灵敏,从这个层面讲,用 HPR 进行控制优于用 pH 进行控制。HPR 可用于硝化过程动态研究,用 HPR 对动态过程组分浓度估计结果显示,计算值数组同实测值数组间的相关系数达到 0.998,总体趋势一致性甚好。

(3) 采用 HPR 作为主要控制信号,及时停止曝气、控制好氧时段,严格控制SBR。经过约 20d 的运行后 SBR 内的亚硝酸盐积累率上升到了 50%,进入了短程硝化状态。保持这种运行方法继续运行,亚硝酸盐积累率不断持续上升,且上升速率基本保持稳定,直到亚硝酸盐积累率接近 80% 时上升速率明显变小,但仍不断上升。实际运行约 40d 时亚硝酸盐积累率达到 88% 并稳定下来,最终实现了短程硝化。COD 和 NH_4^+-N 去除率均在 90％以上,出水浓度均达标。

　　(4) 在 SBR 短程脱氮工艺稳定运行了近 4 个月后,反应器内出现了污泥膨胀现象。开始是污泥微膨胀,因出水各项指标未受影响,沉淀后上清液澄清,因此并没有采取措施控制。数天后,膨胀加剧,发生了严重的丝状菌膨胀,NH_4^+-N 去除率受到了明显影响。通过采取添加新污泥、加大曝气量、改变体积交换比及严格控制系统恒温等一系列措施,污泥膨胀得到了有效控制,约 10d 后亚硝酸盐积累率又回到了 80％以上,之后系统又运行了约 30d,污泥沉淀性能没有再恶化,系统重新实现了稳定的短程硝化。

参 考 文 献

[1] Yun H J,Kim D J. Nitrite accumulation characteristics of high strength ammonia wastewater in an autotrophic nitrifying biofilm reactor[J]. Journal of Chemical Technology and Biotechnology,2003,78:377-383.

[2] Blackburne R,Yuan Z,Keller J. Partial nitrification to nitrite using low dissolved oxygen concentration as the main selection factor [J]. Biodegradation,2008,19(2):303-312.

[3] Blackburne R,Yuan Z,Keller J. Demonstration of nitrogen removal via nitrite in a sequencing batch reactor treating domestic wastewater [J]. Water Research,2008b,42(8-9):2166-2176.

[4] Peng Y Z,Chen Y,Peng C Y,et al. Nitrite accumulation by aeration controlled in sequencing batch reactors treating domestic wastewater [J]. Water Science and Technology, 2004, 50(10):35-43.

[5] Ciudad G,Gonzalez R,Bornhardt C,et al. Modes of operation and pH control as enhancement factors for partial nitrification with oxygen transport limitation[J]. Water Research,2007, 41(20):4621-4629.

[6] Vadivelu V M,Keller J,Yuan Z. Effect of free ammonia on the respiration and growth processes of an enriched nitrobacter culture [J]. Water Research,2007,41(4):826-834.

[7] Volcke E I P,Loccufier M,Noldus E J L,et al. Operation of a SHARON nitritation reactor, practical implications from a theoretical study [J]. Water Science and Technology, 2007, 56(6):145-154.

[8] Kim J H,Guo X,Park H S. Comparison study of the effects of temperature and free ammonia concentration on nitrification and nitrite accumulation [J]. Process Biochemistry, 2008, 43(2):154-160.

[9] Pambrun V,Paul E,Sperandio M. Control and modelling of partial nitrification of effluents with high ammonia concentrations in sequencing batch reactor [J]. Chemical Engineering and Processing,2008,47(3):323-329.

[10] Yang Q,Peng Y,Liu X,et al. Nitrogen removal via nitrite from municipal wastewater at low temperatures using real-time control to optimize nitrifying communities[J]. Environmental Science and Technology,2007,41(23):8159-8164.

[11] Gao D, Peng Y, Li B, et al. Shortcut nitrification-denitrification by real-time control strategies [J]. Bioresource Technology, 2009, 100(7): 2298-2300.

[12] Ma Y, Peng Y, Wang S, et al. Achieving nitrogen removal via nitrite in a pilot-scale continuous pre-denitrification plant [J]. Water Research, 2009, 43(3): 563-572.

[13] 杨庆, 彭永臻, 王淑莹, 等. SBR 法短程深度脱氮过程分析与控制模式的确立[J]. 环境科学, 2009, 30(4): 1084-1089.

[14] 彭赵旭, 彭永臻, 左金龙, 等. 污泥微膨胀状态下短程硝化的实现[J]. 环境科学, 2009, 30(8): 2309-2314.

[15] Magdalena A, Dytczaka K L, Londryb J A, et al. Activated sludge operational regime has significant impact on the type of nitrifying community and its nitrification rates[J]. Water Research, 2008, 42(2): 2320-2328.

[16] 高大文, 彭永臻, 王淑莹. 控制 pH 实现短程硝化反硝化生物脱氮技术[J]. 哈尔滨工业大学学报, 2005, 37(12): 1664-1666.

[17] Zou L, Zhang L, Wang B, et al. Effect of DO on simultaneous nitrification and denitrification in MBR[J]. China Wastewater, 2001, 17(6): 10-14.

[18] Lemaire R, Marcelino M, Yuan Z. Achieving the nitrite pathway using aeration phase length control and step-feed in an SBR removing nutrients from abattoir wastewater[J]. Biotechnology and Bioengineering, 2008, 100(6): 1228-1236.

[19] Beccarl M, Majone M, Massanisso P, et al. A bulking sludge with high storage response selected under intermittent feeding [J]. Water Research, 1998, 32 (11): 3403-3413.

[20] 左金龙, 王淑莹, 彭赵旭, 等. 低 DO 污泥微膨胀前后污泥硝化活性的对比研究[J]. 土木建筑与环境工程, 2009, 31(4): 117-122.

[21] 陈梅雪, 杨敏, 齐嵘, 等. 实时控制条件下外加碳源用于低 C/N 比养殖废水处理中污泥膨胀的控制研究[J]. 环境科学学报, 2007, 27(1): 59-63.

[22] Ma Y. Fundamental study on on-line process control in a/o nitrogen removal process[D]. Beijing: Beijing University of Technology, 2005.

[23] Casey T G, Wentzel M C, Ekama G A, et al. A hypothesis for the causes and control of anoxic-aerobic (AA) filament bulking in nutrient removal activated sludge systems[J]. Water Science and Technology, 1994, 29(7): 203-212.

[24] 陈滢, 彭永臻, 刘敏, 等. SBR 法处理生活污水时非丝状菌污泥膨胀的发生与控制[J]. 环境科学学报, 2005, 25(1): 105-108.

[25] 鞠宇平, 张林生, 余静. 有机负荷和 DO 的变化对 SBR 污泥膨胀的影响及控制方法[J]. 环境污染治理技术与设备, 2002, 3(12): 21-24.

[26] Itokawa H, Hanaki K, Matsuo T. Nitrous oxide production in high-loading biological nitrogen removal process under low COD/N ratio condition[J]. Water Research, 2001, 35: 657-664.

[27] Zeng R J, Lemaire R. Yuan Z. et al. Simultaneous nitrification, denitrification, and phosphorus removal in a lab-scale sequencing batch reactor[J]. Biotechnology and Bioengineering,

2003,84:170-178.

[28] Zhou Y. Development and understanding of a novel 2- sludge,3-stage system for biological nutrient removal[D]. Brisbane:The University of Queensland,2008.

[29] Betlach M R,Tiedje J M. Kinetic explanation for accumulation of nitrite,nitric-oxide,and nitrous-oxide during bacterial denitrification[J]. Applied and Environmental Microbiology, 1981,42:1074-1084.

[30] Yuan Z,Oehmen A,Peng Y,et al. Sludge population optimisation in biological nutrient removal wastewater treatment systems through on-line process control:A review[J]. Environmental Science and Biotechnology,2008,7:243-254.

第8章 活性污泥同时贮存生长过程中的 OUR-HPR 测量

8.1 活性污泥同时贮存与生长过程

国际水协在其 ASM3 中引入了活性污泥微生物胞内贮存过程,假设快速可生物降解基质首先经生物吸收转化为聚合物贮存在胞内,然后微生物再利用胞内贮存的聚合物进行生长。但是,当研究者们尝试用实验数据评估 ASM3 时,发现 ASM3 不能模拟两种实验现象:①微生物生长率在基质充足期和匮乏期时的不连续性;②ASM3 预测的胞内贮存物的浓度比实验测定的浓度更高[1]。因此,研究者认为 ASM3 先贮存后生长的假设是造成这一现象的根本原因,并在 ASM3 模型的基础上提出了基于同时贮存与生长过程的活性污泥理论:外源快速可生物降解基质可以同时用于细胞贮存和生物质生长[2,3]。

细胞同时贮存与生长的特性受饱食-饥饿交替条件、基质种类及其浓度、DO、$NO_3^- \text{-N}$ 等因素的影响[2,4,5]。胞内贮存主要发生在脉冲式进料或饱食-饥饿交替运行中,连续进料的活性污泥系统没有胞内贮存或贮存物很少,甚至用经驯化后具有胞内贮存能力的活性污泥进行连续进料试验,或者用经过连续进料系统驯化后污泥进行短期的脉冲式给料或饱食-饥饿交替运行试验均不产生胞内贮存[5]。Dionis 等通过间隙试验,以乙酸、葡萄糖、谷氨酸和乙醇为单基质或混合基质,研究好氧/缺氧胞内贮存,结果显示在好氧和缺氧条件下均发生胞内贮存。不同基质的胞内贮存特性差异大。在好氧下,乙酸基质在 15min 内完成胞内贮存,甚至不发生细胞同时贮存-生长[5];但是,慢速可生物降解组分如淀粉首先吸附到生物质表面,经水解形成的快速降解基质可以同时用于胞内贮存和生物质生长[6]。在好氧条件下,乙酸或乙醇为基质时胞内贮存聚合物量大,谷氨酸为基质时胞内贮存聚合物量小。为了解释观察到的试验结果,甚至需要另外引入发生在细胞贮存前的快速降解组分累积(或生物吸附)过程[2]。电子受体 DO 或 $NO_3^- \text{-N}$ 的浓度影响胞内贮存,限制 DO 或 $NO_3^- \text{-N}$ 的浓度有利于细胞贮存,胞内贮存物产率系数随 DO 或 N/C 增加而下降。

Sin 等提出了一个修正的好氧同时贮存-生长模型,并采用高分辨在线 OUR 测量和离线贮存物测量数据验证了模型。该模型提出了用二级动力学方程描述基于贮存物降解的生物质增长,并通过引入氧化磷酸化效率,将贮存产率系数、基于初始基质的生物产率系数和基于贮存物的生物产率系数相互关联,这样只需要估计氧化磷酸系数就可以确定上述 3 个产率系数[7],简化了模型的计算过程。

倪丙杰等通过引入两个微生物维持过程及微生物衰减过程,建立了一个好氧同时贮存-生长模型[8,9],并利用其他研究组通过间歇试验获得的 OUR 和 PHA 数据进行了验证。缺氧同时贮存-生长模型与好氧同时贮存-生长完全类似,只是将外源电子受体 DOS_{O_2} 用硝酸盐 S_{NO_3} 替代。

在同时贮存-生长的机理研究中,快速易生物降解基质 S_S、COD、PHA 等指标通过取样离线化学分析的方法进行测量,电子受体 O_2 消耗量则通过呼吸测量 OUR 间接进行计算[1,6,10]。由于离线化学分析方法耗时长,导致其测试结果时间分辨率低,不利于准确掌握同时贮存-生长过程的细节。2010 年,Hoque 等将在线 HPR 测量应用于同时贮存-生长模型的模拟研究。通过引入相关生物和物理化学过程的质子产生-消耗响应,修正了 Sin 等提出的细胞同时贮存-生长模型[11],采用三种不同初浓度的乙酸进行间隙试验,用在线高分辨 OUR-HPR 测量结果验证了同时贮存-生长模型的合理性。在线 HPR 测量方法目前还没有应用于缺氧同时贮存-生长研究,应用于好氧同时贮存-生长研究也不多,仅限于乙酸基质,与实际废水的复杂组成存在差异性[11-13]。

8.2　同时贮存与生长过程的 OUR-HPR 响应

8.2.1　材料与方法

1. SBR 反应器运行

SBR 装置是由有效容积 4L 的反应器、曝气系统、进出水系统、机械搅拌系统、恒温系统以及自动控制系统组成,见图 8.1。采用时间继电器自动控制,运行周期为进水－反应－沉淀－出水。SBR 总运行周期为 6.0h,其中进水时间 15min,好氧时间 300min(包括进水阶段),沉淀 45min,出水时间 15min,见图 8.2。整个进水阶段大约 1.2L 的合成废水(见表 8.1,其中微量元素见表 8.2)泵入系统。在曝气过程中,曝气装置跟机械搅拌器一起工作,系统中的 DO 浓度维持在 5～7mg/L;在非曝气过程中,只有机械搅拌器进行工作;在排水过程中,由蠕动泵将 SBR 反应器中沉淀过后的上清液抽出。采用手动方式排泥,大约每个周期需要排放 150mL 的混合液,以保持污泥停留时间 SRT 为 15 天左右。在沉淀结束后,大约 1.2L 上清液泵出 SBR 系统。SBR 反应器的温度维持在 20℃,pH 通过投加 0.1molHCl 或 0.1molNaOH 维持在 7.0～8.0。

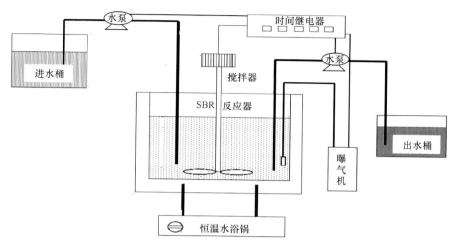

图 8.1　SBR 反应器示意图

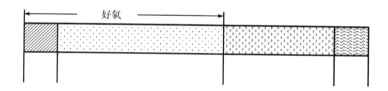

图 8.2　SBR 一个周期内阶段运行时间

表 8.1　厌氧/好氧 SBR 系统合成废水组分表

成分	浓度/(mg/L)	水质指标	浓度/(mg/L)
$CH_3COONa \cdot 3H_2O$	877	COD	400
NH_4Cl	154	NH_4^+-N	40
KH_2PO_4	35	TP	8
微量元素营养液			5mL/L

表 8.2　微量元素表

组成	质量浓度	组成	质量浓度	组成	质量浓度
$MgCl_2 \cdot 7H_2O$	3.6g/L	$MnSO_4 \cdot H_2O$	0.06g/L	$NaMoO_4 \cdot 2H_2O$	0.036g/L
$CaCl_2 \cdot 7H_2O$	1.6g/L	$CuSO_4 \cdot 5H_2O$	0.04g/L	$CoCl_2 \cdot 6H_2O$	0.09g/L
$ZnSO_4 \cdot 7H_2O$	0.08g/L	H_3BO_3	0.01g/L	EDTA	2.4g/L

2. OUR-HPR 响应实验

SBR 反应器运行正常后进行活性污泥同时贮存与生长的 OUR-HPR 响应实验。第一组改变反应器脉冲投加 COD 进水浓度:取 SBR 周期运行结束后的活性污泥,淘洗 3～4 次后放入呼吸-滴定测量仪的曝气室中,当污泥进入内源呼吸阶段,脉冲投加乙酸钠溶液,使曝气室的初始 COD 浓度分别为 100mg/L、200mg/L、300mg/L,进行 OUR 和 HPR 在线监测;同时间隔取样分析 COD、PHA 浓度。整个实验过程水温采用水浴控制在 20℃。

第二组改变 SBR 反应器内基质投加方式(连续进料时间):在基质浓度为 300mgCOD/L 条件下,在进水时间为 15min、30min、60min、120min、300min 条件下,利用混合呼吸仪对乙酸基质降解过程进行 OUR 和 HPR 在线监测;同时间隔取样分析 COD、PHA 浓度。整个实验过程水温采用水浴控制在 20℃左右。

3. 分析测试方法

定期对反应器的 COD、MLSS(MLVSS)和活性污泥 PHA 等指标进行取样分析。常规测试项目按照《水和废水监测分析方法》(第四版)和《环境监测实验》规定的标准分析方法。PHA 采用气相色谱法进行测定[14,15]。

8.2.2 不同基质浓度下的 OUR-HPR 响应

图 8.3 为利用呼吸-滴定自动测量系统在线监测乙酸基质反应过程,所得到的 OUR-HPR 响应曲线图。通过响应曲线可以发现,OUR-HPR 对基质的投加响应

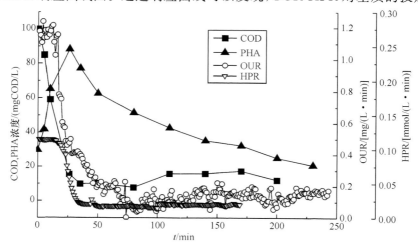

图 8.3　脉冲投加 100mgCOD/L 乙酸基质时 OUR、HPR、COD 浓度、PHA 浓度随时间的变化

非常快,基质投加后立刻引起 OUR、HPR 浓度的上升。随着基质的降解,OUR 和 HPR 分别在 1.1mg/(L·min) 及 0.11mmol/(L.min) 水平保持了 30min 左右后,同时瞬时下降。OUR 下降到 0.4mg/(L·min) 左右,然后在 30~90min 内下降速度逐渐变慢,但仍然保持下降的趋势,到最后逐渐平稳,100min 后进入内源呼吸阶段。与 OUR 在 30min 后出现两种下降斜率不同,HPR 无缓慢下降过程,30min 后维持在 0.02mmol/(L·min) 的速度并保持到最后。

　　结合 OUR-HPR 响应曲线图与 COD 浓度、PHA 浓度变化曲线图可以看出,在进行间歇实验过程中,随着 COD 浓度的消耗,反应器中 PHA 的含量逐渐上升,30min 左右,反应器中 COD 含量下降到最低点,同时 PHA 的含量达到最高水平 88mgCOD/L。30min 之后,PHA 含量以一定速度下降,并维持到反应周期结束,这是由于当 COD 消耗完后反应器中的活性污泥开始将其内部储存物用于自身生长及内源呼吸的缘故。

　　图 8.4 为利用呼吸-滴定自动测量系统在线监测瞬时投加 200mgCOD/L 乙酸基质间歇实验反应过程所得到的 OUR-HPR、PHA 浓度、COD 浓度响应曲线图。通过响应曲线可以发现,投加基质后,OUR-HPR 可以同时瞬时响应。OUR 升高到 1.1mg/(L·min),并维持在 1.1~1.2mg/(L·min) 的速率,HPR 维持则在 0.11mmol/(L·min)。直到 60min 时,OUR 与 HPR 从最高速率同时下降。OUR 由 1.2mg/(L·min) 直线下降到 0.4mg/(L·min)。随后下降速度逐渐变慢,但仍然保持下降的趋势,到最后逐渐平稳进入内源呼吸阶段。与 OUR 在此阶段出现两种下降斜率不同,HPR 无缓慢下降过程,60min 后维持在 0.02mmol/(L·min) 的速度并保持到最后。

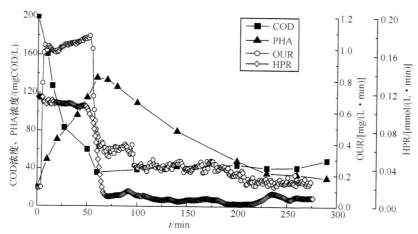

图 8.4　脉冲投加 200mgCOD/L 乙酸基质时 OUR、HPR、COD 浓度、PHA 浓度随时间的变化

　　结合 OUR-HPR 响应曲线图与 COD 浓度、PHA 浓度变化曲线图可以看出,

在进行间歇实验过程中,随着 COD 的消耗,反应器中 PHA 的含量逐渐上升, 60min 左右,反应器中 COD 含量下降到最低点,同时 PHA 含量达到最高水平 133mgCOD/L。60min 之后,PHA 含量以一定速度下降,维持到反应周期结束,活性污泥 PHA 含量只有 30mgCOD/L。这是由于当 COD 消耗完后反应器中的活性污泥开始将其内部储存物用于自身生长及内源呼吸的缘故。

图 8.5 为利用呼吸-滴定自动测量系统在线监测瞬时投加 300mgCOD/L 乙酸基质间歇实验反应过程所得到的 OUR-HPR、PHA 浓度、COD 浓度响应曲线图。通过响应曲线可以发现,瞬时投加基质后,OUR、HPR 分别升高到 1.2mg/(L·min)、0.12mmol/(L·min)。并分别在 1.2~1.3mg/(L·min) 及 0.11~0.12mmol/(L·min) 的速率下维持了 90min。直到 90min 时,OUR 由 1.2mg/(L·min) 直线下降到 0.6mg/(L·min)。HPR 也由 0.12mmol/(L·min) 下降到 0.02mmol/(L·min)。不同的是,OUR 随后下降速度出现两个变化,首先缓慢下降,最后逐渐平稳进入内源呼吸阶段。

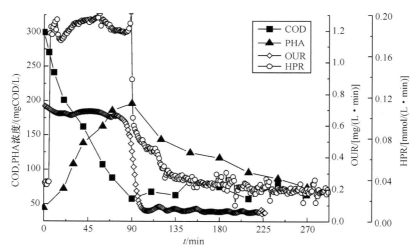

图 8.5 脉冲投加 300mgCOD/L 乙酸基质时 OUR、HPR、COD 浓度、PHA 浓度随时间的变化

结合 OUR-HPR 响应曲线图与 COD 浓度、PHA 浓度变化曲线图可以看出,在进行间歇实验过程中,随着 COD 的消耗,反应器中 PHA 含量逐渐上升,90min 左右,反应器中 COD 含量下降到最低点,同时 PHA 含量达到最高水平 195mgCOD/L。90min 之后,PHA 含量以一定速度下降,维持到反应周期结束,活性污泥 PHA 含量只有 74mgCOD/L。这是由于当 COD 消耗完后反应器中的活性污泥开始将其内部储存物用于自身生长及内源呼吸的缘故。

图 8.3~图 8.5 显示,向反应器内脉冲投加不同浓度乙酸基质,OUR-HPR、PHA 浓度、COD 浓度曲线的变化基本一致:OUR、HPR 瞬时增加,迅速达到峰值

并稳定保持一段时间,在此期间 PHA 含量不断增加,COD 不断被消耗;当 COD 消耗完后,PHA 含量及 OUR、HPR 开始下降,并逐渐趋于稳定。

　　分析其变化趋势及动力学原因,是由于向反应器中瞬时投加高浓度 COD 基质,活性污泥开始利用这些 COD 合成内部储存物 PHA 及生长,由于基质浓度较高,能够满足污泥生长及贮存所需,处于饱食状态,造成了反应器中 COD 含量的迅速下降和 PHA 含量的迅速上升。PHA 含量达到最大值后开始下降,在这一过程中,活性污泥开始处于饥饿状态,消耗储存的内部储存物 PHA 进行生长,这一变化过程明显地反映在 OUR 曲线图和 PHA 浓度曲线图上,在曲线图 OUR 上表现为下降速度变缓,在 PHA 浓度曲线图上表现为 PHA 的含量下降。之后 COD 浓度曲线略有上升趋势,这是由于微生物反应过程中可能释放了可溶性微生物产物 SMP。此外,HPR 与 OUR 相比,当外部基质消耗结束后,即进入稳定状态,无斜率变化,这是由于反应系统中的 H^+ 消耗主要来自于外部基质乙酸,内部贮存物直接生长过程不消耗 H^+。因此,饥饿阶段 HPR 处于平稳状态,这时的 H^+ 消耗主要来自于内源呼吸及 CO_2 吹脱。

　　从上图还可以发现,COD 消耗至最低水平、PHA 最大浓度出现的时间与 OUR-HPR 开始快速下降相对应。定义从投加基质至 OUR、HPR 开始快速下降的历时为饱食期。在饱食阶段,OUR、HPR 保持在较高水平,COD 浓度下降,PHA 含量上升;进入饥饿阶段后,COD 浓度下降到最低水平,PHA 含量开始下降,HPR 下降到最低水平并趋于平稳,OUR 同时下降到较低水平;当 PHA 含量下降到最低水平时,OUR 趋于平稳,活性污泥进入内源呼吸阶段。

　　表 8.3 对比分析了脉冲投加三种乙酸浓度下的 PHA 合成情况。可以发现,随着投加基质浓度的提高,好氧活性污泥的饱食时间逐渐增大。当投加基质浓度为 100CODmg/L 时,好氧活性污泥的饱食时间为 27min,外部基质消耗完后 OUR 开始下降。当投加基质浓度为 200mgCOD/L 时,好氧活性污泥的饱食时间大约为 60min。当投加基质浓度为 300mgCOD/L 时,好氧活性污泥的饱食时间大约为 90min。饱食时间总体上随基质浓度的增加而正比增加。

表 8.3　三种不同乙酸基质浓度下的对比分析

COD 浓度/(mg/L)	100	200	300
饱食时间/min	27	60	90
饥饿时间/min	273	240	210
PHA 最大产生量/(mgCOD/L)	59	115	155
PHA 产率	0.59	0.57	0.52
生长消耗基质/(mgCOD/L)	26	55	80
贮存与生长速率比值	2.26	2.09	1.93

　　观察投加三种不同浓度基质的情况下 PHA 的最大贮存量,可以发现随着投

加基质浓度的提高,PHA 的最大贮存量也在相应提高,PHA 产率在脉冲投加基质的情况下保持在 0.5 以上。实验表明微生物贮存进水有机物的比例是一个相对恒定的常数,在好氧条件下这个值为 0.67[16],Beun 等也证实在好氧条件下微生物贮存进水有机物的比例为 0.6 左右[17]。本实验所得 PHA 产率偏低,可能是由于进水有机物浓度、污泥停留时间等使这个比例在一定范围内波动。

8.2.3　不同投加方式下的 OUR-HPR 响应

1. 进水时间为 15min 间歇实验

图 8.6 为利用呼吸-滴定自动测量系统在线监测 15min 进水历时间歇实验所得到的 OUR、PHA 浓度、COD 浓度响应曲线图。开始进水,OUR 立即由内源呼吸下的较低水平增加到 1mg/(L·min)。与瞬时投加相比,OUR 在 80min 内一直维持在最高水平,饱食时间减少了 10min。80min 后,随着外部投加乙酸基质消耗殆尽,活性污泥主要依靠消耗内部贮存物 PHA 来维持生长和代谢的阶段。此阶段大致持续到 180min。180min 后,OUR 曲线的斜率变小,活性污泥进入内源呼吸阶段。最终,好氧内源呼吸速率维持在 0.2mg/(L·min) 左右。

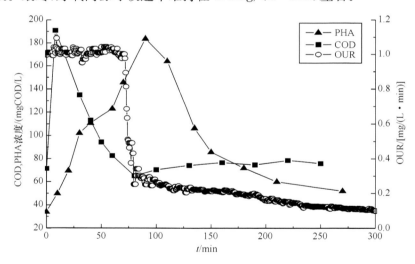

图 8.6　进水时间 15min OUR、COD 浓度、PHA 浓度随时间变化曲线

图 8.6 同时反映了在进水历时为 15min 间歇实验时反应周期内 COD 的变化情况。由于进水历时较短,COD 在开始进水时短暂升高,在此阶段,反应器中既有 COD 基质的不断加入,同时又存在着活性污泥对其不断的消耗,反应器中 COD 在进水结束时达到最大浓度 190mg/L 左右。此时 OUR 也达到最大值,二者基本吻合,即反应器中 COD 浓度越高,好氧呼吸速率 OUR 越大。此后 COD 浓度的变化曲线基本与脉冲投加无异,从最高水平开始下降,在 80min 时,COD 浓度下降到最

低水平 65mg/L。随后饱食阶段结束,外源基质乙酸不能再被微生物利用,由于微生物反应过程不断产生的可溶性微生物产物,使得 COD 浓度小幅增加,最终稳定在 75mg/L 左右。

结合 OUR 响应曲线图与 COD 浓度、PHA 浓度变化曲线图可以看出,历时为 15min 时,PHA 浓度的变化趋势与脉冲投加相同,在外源乙酸基质消耗完之前,即 80min 内 PHA 的浓度不断增加,80min 时达到最大值,为 180mgCOD/L。这一结果小于脉冲进水所合成的 PHA 最大合成量 200mg/L。80min 后,随着 OUR 下降速率变缓,微生物主要消耗 PHA 来维持生长和代谢,PHA 缓慢下降,直到最后维持在最低水平不能再被利用。同时也发现 COD 消耗至最低水平、PHA 最大浓度出现的时间与 OUR 开始快速下降相对应。这个对应点是活性污泥饱食期结束的标志。

2. 进水时间为 30min 间歇实验

图 8.7 为利用呼吸-滴定自动测量系统在线监测 30min 进水历时间歇实验,所得到的 OUR、PHA 浓度、COD 浓度响应曲线图。OUR 从进水开始,在 5min 内由内源呼吸水平迅速增加到 0.6mg/(L·min)。随后缓慢升高,直到 77min 后,达到最大好氧呼吸速率,此时最大 OUR 为 0.873mg/(L·min)。在这一阶段中,平均 OUR 为 0.8 mg/(L·min)。与脉冲投加及 15min 进水历时相比,进水时间为 30min 时还是能观察到明显的饱食饥饿曲线,但 OUR 最高水平及平均水平都出现明显下降。77min 后活性污泥进入饥饿阶段,OUR 迅速下降,外部投加 COD 基质消耗完,微生物主要消耗内部贮存物 PHA 来维持生长和代谢,180min 后 OUR 曲线的斜率再次发生变化,微生物进入内源呼吸阶段,最后,OUR 保持在 0.1mg/(L·min)。

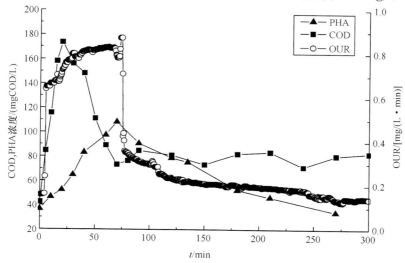

图 8.7　进水时间 30min OUR、COD 浓度、PHA 浓度随时间变化曲线

图 8.7 同时反映了在进水历时为 30min 间歇实验时反应周期内 COD 浓度的变化情况。COD 浓度在开始进水时短暂升高,在 20min 时,达到最大值 173mg/L。在此阶段,反应器中既有 COD 基质的不断加入,同时又存在着活性污泥对其不断的消耗,随后 OUR 达到最大值,并一直保持到 77min。此后 COD 浓度的变化曲线基本与脉冲投加无异,从最高水平开始下降,在 77min 时,下降到最低水平 73mg/L。当饱食阶段结束,外源基质乙酸不能再被微生物利用,由于微生物反应过程不断产生的可溶性微生物产物,使得 COD 浓度小幅增加,最终稳定在 80mg/L 左右。

结合 OUR 响应曲线图与 COD 浓度、PHA 浓度变化曲线图可以看出,进水历时为 30min 时,PHA 浓度的变化趋势与脉冲投加基本相同,在外源乙酸基质消耗完之前,即 77min 内 PHA 浓度不断增加,70min 时达到最大值,为 108mgCOD/L。这一结果远小于脉冲进水所合成的 PHA 产量 200mgCOD/L,这说明随着基质投加历时增加,不利于提高 PHA 合成产量。77min 后,随着 OUR 下降速率变缓,微生物主要消耗 PHA 来维持生长和代谢,PHA 浓度缓慢下降,直到最后维持在最低水平不能再被利用。与脉冲投加趋势类似。同时也发现 COD 消耗至最低水平、PHA 最大浓度出现的时间与 OUR 开始快速下降相对应。这个对应点是活性污泥饱食期结束的标志。

3. 进水时间为 60min 间歇实验

图 8.8 为利用呼吸-滴定自动测量系统在线监测 60min 进水历时间歇实验,所得到的 OUR、PHA 浓度、COD 浓度响应曲线图。OUR 从进水开始迅速上升,升到 0.5mg/(L·min) 之后,并一直维持在较高水平。大致在进水结束即 60min 时

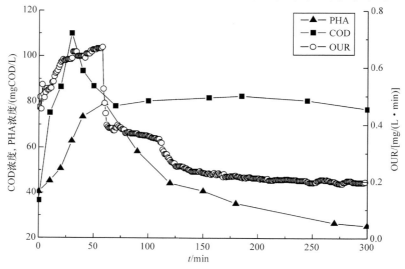

图 8.8　进水时间 60min OUR、COD 浓度、PHA 浓度随时间变化曲线

达到 OUR 的最大值 0.671mg/(L·min)，饱食期平均 OUR 水平为 0.65mg/(L·min)。这一结果与短历时进水相比，能观察到明显的饱食饥饿曲线，但 OUR 最高水平及平均水平都出现明显下降。60min 后，随着基质进水结束，外源 COD 供给不足，活性污泥进入饥饿阶段，OUR 迅速下降，外部投加 COD 基质消耗完，微生物主要消耗内部贮存物 PHA 来维持生长和代谢，150min 后 OUR 曲线斜率非常微小，微生物进入内源呼吸阶段，最后，OUR 保持在 0.2mg/(L·min) 左右。

图 8.8 同时反映了在进水历时为 60min 间歇实验时反应周期内 COD 浓度的变化情况。随着进水开始，COD 浓度不断上升，说明此时 COD 的投加速率仍然大于反应器内活性污泥贮存及生长所需速率。在 30min 时，COD 达到最大值 110mg/L。30min 后，随着 COD 的投加速率不及反应器内活性污泥贮存及生长所需速率，反应器内 OUR 上升趋势暂缓，基本维持在最高水平，COD 浓度从最高水平开始下降，直到进水结束即 60min 时，下降到最低水平 78mg/L。随后饱食阶段结束，外源基质乙酸不能再被微生物利用，由于微生物反应过程不断产生的可溶性微生物产物，使得 COD 浓度小幅增加，最终稳定在 80mg/L 左右。

结合 OUR 响应曲线图与 COD 浓度、PHA 浓度变化曲线图可以看出，COD 消耗至最低水平、PHA 最大浓度出现的时间与 OUR 开始快速下降仍然相对应。进水历时为 60min 时，PHA 浓度的变化趋势与脉冲投加基本相同，在外源乙酸基质消耗完之前，即 60min 内 PHA 的浓度不断增加，60min 时达到最大值，为 79mgCOD/L。这一结果仅为脉冲进水所合成的 PHA 最大合成量的三分之一。随着基质投加历时增大，连续投加对提高 PHA 合成产量越来越不利。60min 后，随着 OUR 下降速率变缓，微生物主要消耗 PHA 来维持生长和代谢，PHA 缓慢下降，直到最后维持在最低水平不能再被利用。

4. 进水时间为 120min 间歇实验

图 8.9 为利用呼吸-滴定自动测量系统在线监测 120min 进水历时间歇实验所得到的 OUR、PHA 浓度、COD 浓度响应曲线图。由于进水时间较长，OUR 没有出现瞬间升高的现象，而是从进水开始慢慢上升，并在进水结束时达到最大 OUR 值 0.47mg/(L·min)。120min 后，进水结束，OUR 开始下降，一直持续到 215min，此阶段是微生物利用内部贮存物 PHA 维持生长和代谢。此后，OUR 一直维持在较 0.15mg/(L·min) 基本保持不变，即进入内源呼吸阶段。贮存及利用基质直接生长是两个竞争过程，贮存只发生在基质浓度较高的时候。图 8.9 显示，当进水历时增加到 120min 时，COD 的投加速率已不能满足活性污泥最大生长及贮存速率所需。所以无法再观察到明显的饱食饥饿曲线。

图 8.9 同时反映了在进水历时为 120min 间歇实验时反应周期内 COD 浓度的变化情况。在进水阶段，反应器中既有 COD 基质的不断加入，同时又存在着活

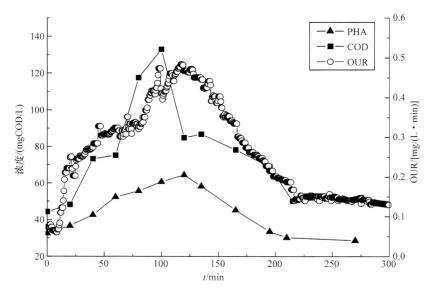

图 8.9　进水时间 120min OUR、COD 浓度、PHA 浓度随时间变化曲线

性污泥对基质的不断消耗,进水 COD 浓度不断增加,在 100min 时达到最大值 133mg/L,接着,COD 浓度开始下降,并在 215min 内消耗完,达到最低水平,不能再被利用。

　　从进水开始到进水结束 PHA 的含量不断增加,最大值为 64.56mgCOD/L,小于 60min 进水 PHA 的最大浓度。120min 后,PHA 含量开始下降,这与 OUR、COD 曲线变化特征相符。进水结束后微生物主要利用内部贮存物 PHA 维持生长和代谢,在 215min 左右时达到最低浓度,且一直维持在最低水平,不能再被微生物利用。与脉冲投加相比,虽然 OUR 最大值、PHA 最大值及 COD 最低值仍然有对应关系,但 OUR 曲线无法明显显示同时生长贮存过程的饱食饥饿界限。

　　5. 进水时间为 300min 间歇实验

　　图 8.10 为利用呼吸-滴定自动测量系统在线监测 300min 即全程进水历时间歇实验,所得到的 OUR、PHA 浓度、COD 浓度响应曲线图。由于进水在整个过程中进行,OUR 曲线在整个反应过程中随时间不断缓慢上升。整个过程最大 OUR 为 0.45mg/(L·min),小于 120min 进水的最大 OUR 值。由于进水时间很长,整个周期反应器无法达到饱食状态,所以 OUR 处于一直上升趋势。

　　图 8.10 同时反映了全程进水时反应周期内 COD 浓度的变化情况。由于进水时间较长,进入反应器中的外部投加乙酸基质立即被微生物用于贮存和生长,但反应器又在不断进水,所以反应器中 COD 浓度一直在 60~70mg/L 上下波动。通常

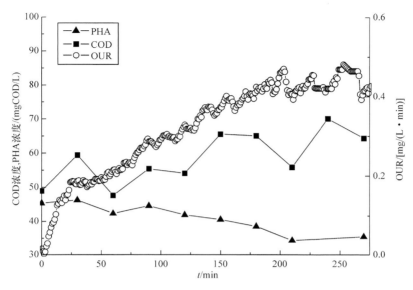

图 8.10　进水时间 300min OUR、COD 浓度、PHA 浓度随时间变化曲线

连续进料的实验,COD 浓度几乎保持不变,乙酸盐浓度总是很低,因为乙酸盐的去除率完全由乙酸盐负荷率决定,即进料流速。虽然进水总量相同,全程进水最终COD 浓度比其他进水历时条件下要略小,但并没有达到很好的去除效果。

由图 8.10 可知,由于反应器进水时间长,外部基质不足以维持活性污泥生长和代谢,所以与脉冲投加或进料时间较短所得结果不同,微生物要同时消耗内部贮存物来维持生长和代谢。PHA 浓度在乙酸降解过程中无明显增加阶段,相反出现了明显的下降趋势。但无论哪种进水时间,最终 PHA 的含量都大致相等,这说明微生物会维持内部贮存物在一个较低含量。

综上所述,基质投加历时分别为 15min、30min、60min 时,能观察与脉冲投加相似的明显的饱食饥饿 OUR 曲线,但饱食期越来越短。随着基质投加历时增长,平均 OUR 和最大 OUR 均下降明显;当基质投加历时为 120min 和 300min 时,OUR 曲线没有明显的饱食期。这充分说明,虽然活性污泥已经驯化得到较强的贮存能力,但短时间内改变基质的投加方式对 PHA 的产率仍然有较大影响。分析其原因,主要是由于利用外部基质贮存及利用基质直接生长是两个竞争过程,当反应系统内的基质浓度不能满足活性污泥最大生长速率时,会影响利用外部基质进行贮存的过程速率。

由表 8.4 可以看出,随着基质投加历时增长,PHA 的产率迅速降低,特别是全程进水(300min)时,PHA 浓度不断下降,说明 PHA 的产生量低于消耗量,即当外部基质已不能满足活性污泥的生长要求时,之前储存的 PHA 也被利用来维持生长和代谢的需要。基质投加历时越短,细胞可利用外部基质达到饱和状态,活性污泥在满足生长及代谢外,能够合成更多的 PHA。随着基质投加历时的增长,饱食期 OUR 和 PHA 产率均缓慢增长(图 8.8 和图 8.9),说明外部基质贮存、基于外部基质的直接生长、基于贮存物的间接生长同时发生。

表 8.4　不同投加时间下的对比分析

基质投加时间/min	饱食时间/min	饥饿时间/min	PHA 最大产生量/(mgCOD/L)	最大 OUR/[mg/(L·min)]	PHA 产率
0	90	210	155	1.3	0.52
15	80	220	149	1.1	0.50
30	77	223	72	0.83	0.24
60	60	240	39	0.67	0.13
120			30	0.45	0.1
300				0.40	

探究外部基质 COD 投加方式的影响对于优化 PHA 生产工艺有重要意义。当进水时间在 15min 以内条件下,PHA 的产率保持在 0.5 左右,而进水时间超过 30min 后,PHA 产率只有 0.2。这一结果表明,可以通过控制基质投加方式获得更高的 PHA 合成量。

8.3　同时贮存生长过程的 OUR-HPR 模拟

8.3.1　SSAG-SMP 模型

对 ASM3 模型做如下修订形成 SSAG-SMP:①对其先贮存后生长的机理进行修正,即认为在基质充足期,微生物可同时利用基质直接生长和贮存;在基质匮乏时,微生物利用贮存物 X_{STO} 进行生长及维持,并且 X_{STO} 的降解速率与 X_{STO} 的浓度正相关;②将同时生长贮存模型与溶解性微生物产物 SMP 的形成与降解相结合,其中基质利用相关产物 UAP 与生物量相关产物 BAP 分别作为单独的两个组分,形成各自降解有机物的反应动力学。对 SMP 的降解机理进行简化,即假设 SMP 不能被微生物直接利用,而是先在胞外酶的作用下水解成 S_S,之后再被微生物利用;③引入 S_{HP}、S_{CO_2} 等组分,考虑相关生物化学反应和碳酸(溶解性 CO_2)解离化学反应相关的质子产生与消耗,对质子消耗速率进行表达。

SSAG-SMP 模型基质代谢过程如图 8.11 所示,模型组分定义见表 8.5、化学计量学矩阵见表 8.6、速率方程见表 8.7、化学计量学参数和动力学参数分别见表 8.8 和表 8.9。

为了利用该模型对活性污泥储存与消耗基质过程中质子消耗速率做出解释,

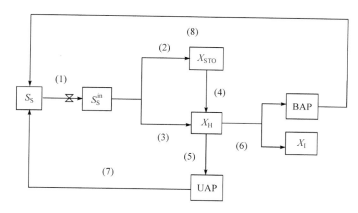

图 8.11　SSAG-SMP 模型的代谢流程图

需要全面考虑反应系统中涉及质子及 CO_2 产生与消耗过程。其中 CO_2 的产生除来自于基于 S_S 生长、基于 S_S 贮存、基于 X_{STO} 生长、X_H 内源呼吸以及 X_{STO} 好氧呼吸外（图 8.11 过程（2）～（6）），还包括反应系统中溶解的 CO_2 平衡。质子消耗主要来自于基质充足阶段基于 S_S 生长、基于 S_S 贮存（图 8.11 过程（2）、（3））两个反应。基于 S_S 生长过程由于存在着 NH_4^+ 吸收过程，因此会产生部分质子。当饱食期结束，假设基于 X_{STO} 生长过程所需碳源及氮元素均来自于细胞内，所以没有质子的产生或消耗。该阶段质子消耗主要来源于 X_H 内源呼吸释放 NH_3 及液态 CO_2 平衡。

表 8.5　模型组分划分及单位

类别	序号	符号	名称	单位
溶解性组分	1	S_{O_2}	DO	gO_2/m^3
	2	S_I	溶解性惰性有机物	$gCOD/m^3$
	3	S_S	易生物降解机质	$gCOD/m^3$
	4	UAP	基质利用相关型产物	$gCOD/m^3$
	5	BAP	生物量相关型产物	$gCOD/m^3$
	6	S_{HCO_3}	系统内 HCO_3^- 含量	mol
	7	S_{CO_2}	系统内 CO_2^- 含量	mol
	8	S_{HP}	系统内 H^+ 含量	mol
颗粒性组分	9	X_I	惰性颗粒性有机质	$gCOD/m^3$
	10	X_S	慢速可生物降解基质	$gCOD/m^3$
	11	X_H	异养菌	$gCOD/m^3$
	12	X_{STO}	异养菌储存的有机质	$gCOD/m^3$

表 8.6　化学计量矩阵

组分 (i) 工艺过程 (j)	1 S_{O_2} O_2	2 S_I COD	3 S_S COD	4 UAP COD	5 BAP COD	6 S_{HCO} /mol	7 S_{CO_2} /mol	8 S_{HP} /mol	9 X_I COD	10 X_S COD	11 X_H COD	12 X_{STO} COD
1　水解		f_{S_I}	$1-f_{S_I}$							-1		
1.1　UAP水解		f_{S_I}	$1-f_{S_I}$	-1								
1.2　BAP水解		f_{S_I}	$1-f_{S_I}$		-1							
2　S_S好氧贮存	$Y_{STO}-1$		-1				$\dfrac{1}{8\gamma_s}\left(\dfrac{1}{Y_{STO}}-\dfrac{\gamma_S}{\gamma_{STO}}\right)$	$\dfrac{-m}{c}$				Y_{STO}
3　S_S好氧生长	$1+k_{UAP}-\dfrac{1}{Y_{H,S}}$		$-\dfrac{1}{Y_{H,S}}$	k_{UAP}			$\dfrac{1}{8\gamma_s}\left(\dfrac{1}{Y_{H,S}}-\dfrac{\gamma_S}{\gamma_X}\right)$	$\dfrac{i_{NBM}p}{14}+\dfrac{m}{Y_{H,S}C}$			1	
4　X_{STO}好氧生长	$1+k_{USTO}-\dfrac{1}{Y_{H,STO}}$			k_{USTO}			$\dfrac{1}{8\gamma_{STO}}\left(\dfrac{1}{Y_{H,STO}}-\dfrac{\gamma_{STO}}{\gamma_X}\right)$				1	$-\dfrac{1}{Y_{H,STO}}$
5　X_H内源呼吸	$-(1-f_I-k_{BAP})$				k_{BAP}		$\dfrac{1-f_{X_I}}{8\gamma_X}$	$\dfrac{i_{NBM}p}{14}$	f_I		-1	
6　X_{STO}好氧呼吸	-1						$\dfrac{1}{8\gamma_{STO}}$					-1
7　液态 CO_2 平衡						1	-1	1				

表 8.7　反应方程的速率

序号	工艺过程	反应速率 ρ_j/[mg/(L·d)]
1	水解	$k_H \dfrac{X_S/X_H}{K_X + X_S/X_H} X_H$
1.1	UAP 水解	$k_{H,UAP} UAP X_H$
1.2	BAP 水解	$k_{H,BAP} BAP X_H$
2	基于 S_S 好氧贮存	$k_{STO} f_{STO} \dfrac{S_O}{K_O+S_O} \dfrac{S_S}{K_S+S_S} X_H$
3	基于 S_S 好氧生长	$\mu_{H,S}(1-f_{STO}) \dfrac{S_O}{K_O+S_O} \dfrac{S_S}{K_S+S_S} X_H$
4	X_{STO} 好氧生长	$\mu_{H,STO} \dfrac{K_S}{K_S+S_S} \dfrac{S_O}{K_O+S_O} \dfrac{(X_{STO}/X_H)^2}{K_2+K_1(X_{STO}/X_H)} X_H$
5	X_H 内源呼吸	$b_H \dfrac{S_O}{K_O+S_O} X_H$
6	X_{STO} 好氧呼吸	$b_{STO} \dfrac{S_O}{K_O+S_O} X_{STO}$
7	液态 CO_2 平衡	$K_1 S_{CO_2} - 10^{pK_1-pH} K_1 S_{HCO_3}$

表 8.8　基本化学计量参数含义及其典型值(20℃)

序号	符号	名称	典型值	单位	来源
1	Y_{STO}	单位 S_S 贮存为 X_{STO} 好氧产率系数	0.8	$gCOD_{X_{sro}}/gCOD_{S_S}$	[7]
2	$Y_{H,S}$	基于 S_S 的 X_H 生长产率系数	0.6	gX_H/gS_S	[7]
3	$Y_{H,STO}$	基于 X_{STO} 的 X_H 好氧产率系数	0.68	gX_H/gX_{STO}	[7]
4	f_I	内源呼吸中 X_I 的产率	0.20	$gCOD_{X_I}/gCOD_{X_{BM}}$	ASM3[18]
5	fs_I	水解中 S_I 的产率	0	$gCOD_{S_I}/gCOD_{X_S}$	ASM3[18]
6	m	吸收 1mol 的乙酸基质消耗质子	1	mol	[11]
7	p	生长吸收 $1molNH_4^+$ 产生的质子数	1	mol	[11]
8	γ_S	乙酸基质的还原性	4	mol e$^+$/molC	[11]
9	γ_{STO}	内部贮存物的还原性	4.5	mol e$^+$/molC	[11]
10	γ_X	微生物体的还原性	4.2	mol e$^+$/molC	[11]
11	i_{NBM}	微生物内的氮含量	0.07	$gN/gCOD_{X_H}$	[11]
12	C	乙酸基质的分子量	64	gCOD/mol	[11]
13	k_{UAP}	UAP 的产率系数	0.2	$gCOD_{UAP}/gCOD_{X_H}$	校核
14	k_{BAP}	BAP 的产率系数	0.34	$gCOD_{BAP}/gCOD_{X_H}$	校核
15	k_{USTO}	利用胞内贮存物生长中 UAP 产率系数	0.14	$gCOD_{UAP}/gCOD_{STO}$	校核

表 8.9　模型动力学参数的意义和典型值

序号	符号	意义	典型值	单位	来源
1	k_H	水解速率常数	0.8	$gX_S/gX_H/d$	[19]
2	$k_{H,UAP}$	UAP 水解速率常数	0.0102	$g^{-1}d^{-1}$	[19]
3	$k_{H,BAP}$	BAP 水解速率常数	7.41×10^{-7}	$g^{-1}d^{-1}$	[19]
4	f_{STO}	基质被用于贮存的比例	0.6	—	[7]
5	b_H	X_H 好氧内源呼吸速率	0.19	d^{-1}	ASM3[18]
6	b_{STO}	X_{STO} 好氧呼吸速率	0.19	d^{-1}	ASM3[18]
7	K_O	DO 饱和常数	0.2	gO_2/m^3	ASM3[18]
8	K_1	控制 X_{STO} 代谢的常数	0.102	—	[18]
9	K_2	饱和常数	0.0024	—	[20]
10	k_1	CO_2 平衡反应速率	1.07	d^{-1}	[11]
11	pK_1	CO_2 一级电离平衡常数	6.39		[11]
12	$\mu_{H,S}$	基于 S_S 的最大比生长速率	4.08	d^{-1}	校核
13	$\mu_{H,STO}$	基于 X_{STO} 的最大比生长速率	2	d^{-1}	校核
14	k_{STO}	好氧贮存速率常数	0.65	$gS_S/gX_H/d$	校核
15	K_S	S_S 饱和常数	1.56	$gCOD/m^3$	校核

8.3.2　OUR 模拟结果

　　SSAG-SMP 模型参数取值大部分来自于 ASM3 模型,与基质同时贮存与生长过程以及与滴定和 SMP 直接相关的参数分别取自相关文献[7,11,19]。通过灵敏度分析确认灵敏度大的参数,分别选取了与 OUR、HPR 有关的参数 K_S、k_{STO}、$\mu_{H,S}$、$\mu_{H,STO}$,与 COD 和 SMP 有关的参数 k_{UAP}、k_{BAP}、k_{USTO} 进行校核。以 AQUASIM2.0 软件作为模型模拟计算的平台[21]。

　　图 8.12 为三种不同乙酸基质浓度下同时贮存生长过程的 OUR 模拟。模拟结果进一步验证了同时贮存生长理论:微生物利用进水有机物直接生长、贮存有机物和微生物以胞内贮存物为能源和碳源间接生长。与之相比,ASM3 模型虽然也能拟合实验所得 OUR 数据,但在生长速率的模拟上有较大偏差。原因在于,实验发现当饱食期结束时,微生物生长速率会出现中断,同时贮存生长模型可以较好地呈现这一现象,而 ASM3 模型假设微生物只依靠内部贮存物这一单一物质进行生长,会导致这种不连续的现象无法准确表达。此外,模拟结果呈现了各个过程对 OUR 的贡献,当基质充足时,有机碳贮存过程的氧气消耗速率为基于外部基质直接生长过程的两倍,这与表 8.3 中计算所得贮存和生长过程消耗 COD 的速率比值

基本一致。

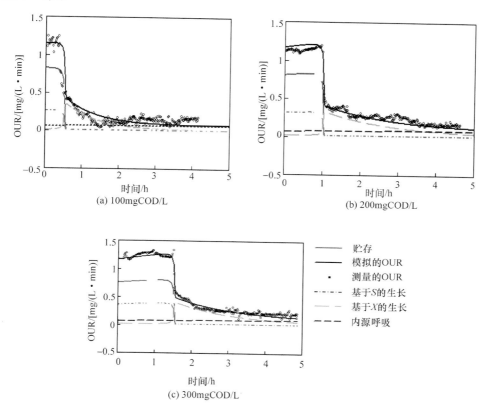

图 8.12 三种不同乙酸基质浓度下同时生长贮存过程 OUR 模拟

改变基质投加方式时,OUR 会产生与脉冲投加不同的变化趋势。当进水时间为 30min 时,OUR 瞬间增长到一个很高的水平再缓慢增大到最大值,这与脉冲实验 OUR 瞬间增加到最大值并一直保持到饱食期结束的现象明显不同。导致此现象产生的原因在于,外部基质贮存、基于外部基质的直接生长、基于贮存物的间接生长可以同时发生。

为了更好地解释这一现象,对文献[7]所提出的同时生长贮存模型做修正,即删除 PHA 代谢动力学表达式中的开关函数 $K_S/(K_S+S_S)$,消除外部基质对于细胞利用内部贮存 PHA 间接生长的影响,使得三个过程同时独立进行。图 8.13 和图 8.14 描述的是开关函数 $K_S/(K_S+S_S)$ 对模型模拟结果的比较。在没有开关函数限制的情况下,在饱食阶段,随着 X_{STO} 的增加,微生物利用 X_{STO} 间接生长的速率不断增大,这与 OUR 瞬间增长到一个很高的水平再缓慢增大到最大值的实验现象更加吻合,使得模型对饱食期的整体模拟效果更好。

同时贮存生长模型模拟各种微生物和基质在处理过程中的动态特性,不仅有

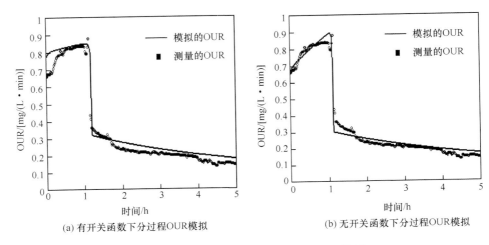

(a) 有开关函数下分过程OUR模拟　　　　(b) 无开关函数下分过程OUR模拟

图 8.13　进水时间为 30min OUR 模拟结果

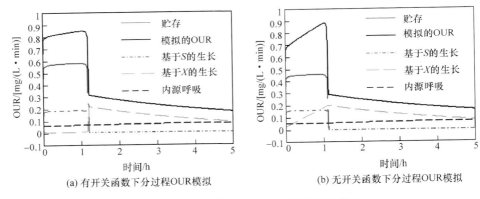

(a) 有开关函数下分过程OUR模拟　　　　(b) 无开关函数下分过程OUR模拟

图 8.14　进水时间为 30min 过程 OUR 模拟

助于理解活性污泥系统的反应过程,也有助于精确模拟污水处理系统的动态变化。通过 OUR 在线监测及模型模拟,可以对基质降解反应过程进行预测。本实验设置 SBR 运行周期为 6h,反应期为 5h,但实际运行结果显示,即使当外源基质浓度达到 300mgCOD/L,活性污泥在 3h 内即可稳定进入内源呼吸阶段。从节约资源及合理优化角度来看,可缩短 SBR 运行周期。此外,利用活性污泥法合成内部贮存物 PHA 工艺研究越来越多,利用该模型可以对各种条件下的 PHA 贮存过程进行模拟比较,可以为优化 PHA 生产工艺提供理论指导。

8.3.3　HPR 模拟结果

滴定测量是一种用于监测生物活性的有效工具,特别是 pH 定点滴定允许获取生物过程的重要信息。但利用滴定测量对模型进行校核的方法还不普遍,主要难点在于反应系统中涉及质子消耗与产生的过程较多,尤其是 CO_2 的化学计量学系数较难准确表达。图 8.15 为本模型对三种不同乙酸基质浓度下质子消耗速率 HPR 的模拟结果。利用同时贮存生长机理,结合 CO_2 生化反应过程,所得 HPR 的模拟结果与实验所得结果十分吻合,进一步验证了该模型可以合理及准确地解释活性污泥储存与降解乙酸基质的机理。模拟结果呈现了各个过程对 HPR 的贡献,当基质充足时,有机碳贮存过程的质子消耗速率与基于外部基质直接生长过程的质子消耗速率在 2 倍左右,这与 OUR 的模拟结果基本一致。此外,与以往认为系统中 CO_2 产生的质子消耗速率为常数不同,通过将 CO_2 生化过程引入模型,对碳酸(溶解性 CO_2)解离过程消耗质子速率给出了更准确的表达。模拟结果表明,在基质充足时,由于基质吸收使反应系统内 CO_2 含量不断升高,导致 CO_2 与 HCO_3^- 浓度差变小,质子消耗速率因此变小。

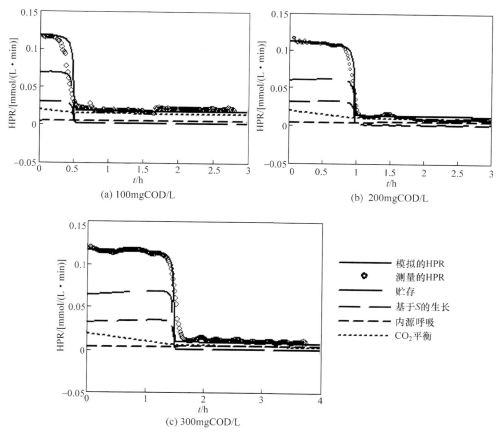

(a) 100mgCOD/L

(b) 200mgCOD/L

(c) 300mgCOD/L

图 8.15　三种不同乙酸基质浓度下 HPR 模拟

8.4　基于 OUR 测量估计内部贮存物生长过程参数

当活性污泥微生物饱食期结束,外部基质消耗完,活性污泥利用内部贮存物 PHA 进行生长,并同时消耗氧气。根据 SSAG-SMP 模型化学计量矩阵,此时 PHA 与 OUR 之间的线性关系如公式(8.1)所示,其中 k_{USTO} 为利用贮存物生长过程中 UAP 的产率系数,取模型校核值 0.14。计算利用内部贮存物生长的好氧产率系数 $Y_{H,STO}$ 如表 8.10 所示。

$$\Delta PHA(t_i) = \frac{1}{1 - (1 + k_{USTO})Y_{H,STO}} \int_{t_0}^{t_i} OUR_{ex}(t)\,dt \qquad (8.1)$$

表 8.10　参数 $Y_{H,STO}$ 估计结果

基质浓度(mgCOD/L)	时间点/min	PHA 消耗量/(mgCOD/L)	耗氧量/(mgO₂/L)	$Y_{H,STO}$
	35	11	3.2	
	50	25.5	6	
	80	37	7.7	
100	110	45	9.2	0.68
	170	56	12.65	
	200	63	14.2	
	230	68	16	
	100	27	10	
	140	56	16	
200	200	88	24.7	0.63
	230	100	26.7	
	260	102	28.3	
	120	52	12	
	150	72	17.6	
	180	79	21.8	
300	210	100	25.6	0.65
	240	109	28.8	
	270	122	31.6	

100、200、300mgCOD/L 乙酸浓度下,$Y_{H,STO}$ 分别为 0.68、0.65、0.63,相关系数分别为 0.98、0.97、0.97(图 8.16)。$Y_{H,STO}$ 随时间的波动较小,且浓度变化对其影响不大。在实际废水处理中,可以利用 OUR 测量方法基于内部贮存物生长过

程对 $Y_{H,STO}$ 进行估计。

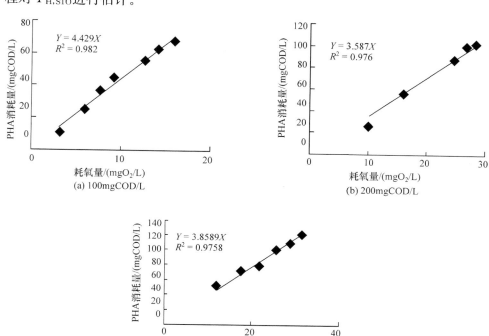

图 8.16　基于内部贮存物生长过程 OUR 与 PHA 之间的线性关系

8.5　基于 OUR-HPR 测量在线估计 PHA 合成量

当前 PHA 的测试通常采用的气相色谱法（GC）是基于 Braunegg 等及 Comeau 等的修正[22]，修正的气相色谱法仍需要较长的预处理时间。通量平衡分析（FBA）[23-25]是基于代谢平衡分析（MBA）的一种数学方法，可以较好地优化 PHA 产量并发挥指导作用。图像分析法[26]也能较好地估测 PHA 含量。然而，这些分析方法都是离线分析，时间滞后、分析操作复杂，不能对微生物细胞合成 PHA 的过程进行在线估计。Dias 等[27]采用在线方法来估测 PHA 含量，发现似乎 CO_2 测试对 PHA 含量估计有较大影响，并且需监测的参数较多。根据在贮存过程消耗氧气及质子这一特点，基于活性污泥同时储存生长-溶解性微生物产物模型可建立 OUR、HPR 与 PHA 含量之间的关系，利用 OUR-HPR 在线测量数据可实现对 PHA 的合成量进行在线估计。

8.5.1 估计方法

同时贮存生长过程的 O_2 消耗量 S_{O_2} 为

$$S_{O_2} = \int_{t_0}^{t_i} \rho_{O_2}(t)dt = \int_{t_0}^{t_i} OUR_{ex}(t)dt \tag{8.2}$$

根据同时贮存生长-溶解性微生物产物(SSAG-SMP)模型,有机碳基质好氧贮存过程的 O_2 消耗速率 $\rho_{O_2,STO}$ 与 PHA 合成速率 $\rho_{X_{STO},STO}$ 的关系为

$$\frac{\rho_{O_2,STO}}{1-Y_{STO}} = \frac{\rho_{X_{STO},STO}}{Y_{STO}} \tag{8.3}$$

定义 PHA 合成的氧气消耗分数

$$\rho_{O_2,STO} = k_{PHA,OUR}\rho_{O_2} \tag{8.4}$$

假设 PHA 合成的氧气消耗分数 $k_{PHA,OUR}$ 在饱食期为常数,由方程(8.2)~式(8.4)得到 OUR 与 PHA 含量的关系式(8.5),同理,可以得到 HPR 与 PHA 含量的关系式(8.6):

$$\Delta PHA(t_i) = \int_{t_0}^{t_i} \rho_{X_{STO},STO}dt = k_{PHA,OUR} \frac{Y_{STO}}{1-Y_{STO}} \int_{t_0}^{t_i} \rho_{X_{STO},STO}(t)dt$$

$$= K_{PHA,OUR} \int_{t_0}^{t_i} \rho_{X_{STO},STO}(t)dt \tag{8.5}$$

$$\Delta PHA(t_i) = k_{PHA,HPR} \frac{Y_{STO}C}{m} \int_{t_o}^{t_i} HPR_{ex}(t)dt = K_{PHA,HPR} \int_{t_o}^{t_i} HPR_{ex}(t)dt$$

$$\tag{8.6}$$

式中,系数 $k_{PHA,HPR}$ 是 PHA 合成的质子消耗分数,这里也假设其在饱食期为常数。

在同时贮存生长-溶解性微生物产物(SSAG-SMP)模型校核中,Y_{STO} 取 0.8;m 为吸收 1mol 乙酸消耗质子数,$m = 1/(1+10^{pKa-pH})$,在 pH=7.8 时,m 取 1;C 为乙酸基质的分子质量(gCOD/mol),取值为 64。

8.5.2 结果与讨论

1. k 值的验证

采用两种方法对参数 k 进行计算:①采用 AQUASIM2.0 软件[26]对矩阵部分参数进行校核,对乙酸基质分别为 100mg/L、200mg/L 及 300mg/L 情况下的 OUR 及 HPR 进行模拟,部分数据见表 8.11;②线性回归:对 PHA 合成量及该时间点对应的 OUR、HPR 的积分进行线性回归,建立各浓度下 $Y=KX$ 的回归方程,如图 8.17~图 8.19 所示。图中,Y 为 PHA 合成量;X 为对应时间点 OUR、HPR 积分。由此可以换算得到贮存过程的氧气消耗及质子消耗的比例 $k_{PHA,OUR}$ 和 $k_{PHA,HPR}$。

表 8.11　三种不同乙酸基质浓度下同时贮存生长过程 OUR-HPR 模拟结果

基质浓度/(mgCOD/L)	时间点/min	S_S储存耗氧速率 OUR_{STO}/[mg/(L·min)]	总耗氧速率 OUR_{TOT}/[mg/(L·min)]	OUR_{STO}/OUR_{TOT}	S_S储存质子消耗速率 HPR_{STO}/[mg/(L·min)]	总质子消耗速率 HPR_{TOT}/[mg/(L·min)]	HPR_{STO}/HPR_{TOT}
100	0	0.8188	1.144	0.72	0.06726	0.1171	0.57
	3	0.819	1.146	0.71	0.06739	0.1169	0.58
	6	0.8187	1.148	0.71	0.06748	0.1166	0.58
	9	0.818	1.149	0.71	0.06753	0.1162	0.58
	12	0.8164	1.149	0.71	0.06751	0.1157	0.58
	15	0.8136	1.148	0.71	0.06738	0.1151	0.59
	18	0.8088	1.146	0.71	0.06706	0.1142	0.59
	21	0.8005	1.14	0.70	0.06636	0.1128	0.59
	24	0.7849	1.128	0.70	0.06472	0.1101	0.59
	27	0.7509	1.1	0.68	0.05962	0.1024	0.58
200	0	0.7913	1.153	0.69	0.05894	0.111	0.53
	6	0.7948	1.16	0.69	0.05928	0.1105	0.54
	12	0.7981	1.166	0.68	0.05961	0.1101	0.54
	18	0.8011	1.173	0.68	0.05992	0.1096	0.55
	24	0.8039	1.179	0.68	0.0602	0.1091	0.55
	30	0.8061	1.184	0.68	0.06044	0.1085	0.56
	36	0.8075	1.189	0.68	0.06058	0.1077	0.56
	42	0.8071	1.192	0.68	0.06053	0.1067	0.57
	48	0.8026	1.191	0.67	0.05995	0.1049	0.57
	54	0.785	1.177	0.67	0.05685	0.09924	0.57
300	0	0.7429	1.153	0.64	0.06312	0.1161	0.54
	9	0.7493	1.166	0.64	0.06385	0.116	0.55
	18	0.7557	1.178	0.64	0.06457	0.1158	0.56
	27	0.7621	1.19	0.64	0.06529	0.1156	0.56
	36	0.7683	1.202	0.64	0.06599	0.1154	0.57
	45	0.7741	1.214	0.64	0.06668	0.1151	0.58
	54	0.7795	1.225	0.64	0.06731	0.1148	0.59
	63	0.7837	1.236	0.63	0.06783	0.1142	0.59
	72	0.7849	1.243	0.63	0.06806	0.1132	0.60
	81	0.7753	1.24	0.63	0.06707	0.1104	0.61
平均值				0.67			0.57
标准差				0.030			0.019
离散系数				4.5%			3.3%

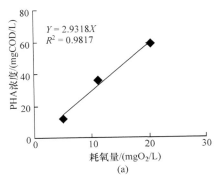
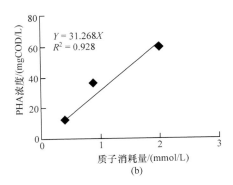

图 8.17 100mgCOD/L 乙酸浓度下,OUR、HPR 与 PHA 之间的线性关系

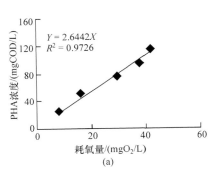
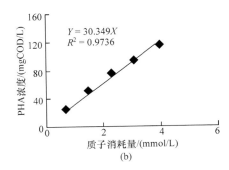

图 8.18 200mgCOD/L 乙酸浓度下,OUR、HPR 与 PHA 之间的线性关系

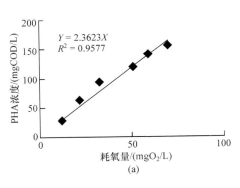
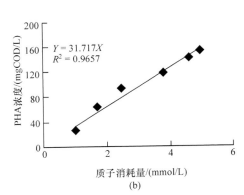

图 8.19 300mgCOD/L 乙酸浓度下,OUR、HPR 与 PHA 浓度之间的线性关系

  基于 S_S 的储存耗氧速率与总的耗氧速率比值,记为 PHA 储存氧气消耗分数 $k_{PHA,OUR}$;基于 S_S 储存消耗质子速率与总的质子消耗速率比值,记为 PHA 储存质子消耗分数 $k_{PHA,HPR}$。由表 8.11 知,在基质充足时,$k_{PHA,OUR}$ 与 $k_{PHA,HPR}$ 的值分别在 0.67 及 0.57 附近波动,数据分析得到的离散系数均小于 5%。通过对模型数据的

分析发现在饱食期,$k_{PHA,OUR}$ 与 $k_{PHA,HPR}$ 均为常数,即在基质充足时,储存 PHA 过程消耗的 DO(质子)所占比例为定值。

采用线性回归方法分析 PHA 与氧消耗量和质子消耗量的关系,结果如图 8.17~图8.19 所示,相关系数均大于 0.9。根据线性回归分析结果,利用方程(8.5)和式(8.6)可计算得到贮存过程的氧气消耗及质子消耗的比例 $k_{PHA,OUR}$ 和 $k_{PHA,HPR}$,结果见表 8.12。线性回归方法估算的 $k_{PHA,OUR}$ 值分别为 0.73、0.66、0.59,平均值为 0.66,与模型模拟计算值 0.67 的相对误差为 -1.5%;线性回归方法估算的 $k_{PHA,HPR}$ 值分别为 0.61、0.59、0.62,平均值为 0.61,与模型模拟计算值 0.57 相比较,相对误差为 7.0%。根据实测结果线性回归得到的值与模型模拟计算值比较,相对误差均在 10% 以内,同样证明了在饱食期 $k_{PHA,OUR}$ 和 $k_{PHA,HPR}$ 保持为常数的假设成立。

表 8.12　利用线性回归计算参数 $k_{PHA,OUR}$ 和 $k_{PHA,HPR}$

基质浓度/(mg/L)	基于 OUR 线性回归系数 K	$k_{PHA,OUR}$	基于 HPR 线性回归系数 K	$k_{PHA,HPR}$
100	2.93	0.73	31.26	0.61
200	2.644	0.66	30.34	0.59
300	2.362	0.59	31.71	0.62

2. PHA 合成量的估计

图 8.20 给出了基于 OUR、HPR 的 PHA 合成量预测值及实测值。基质饱食期建立的 PHA 与 OUR、HPR 的两个方程对于 PHA 合成量的预测整体趋势较好,实验测得的 PHA 合成量值均落在 OUR-HPR 预测曲线附近。100mg/L 及 200mg/L 基质浓度下,HPR 预测曲线更趋近于实测值;而 300mg/L 基质浓度时,OUR 的预测效果似乎更好。在实际工程运用中,可根据不同基质浓度选择更加准确的估测方法。从图 8.20 来看,在初始段,OUR 预测曲线与 HPR 预测曲线有较长时间重合,曲线分开后可以观察到,OUR 预测曲线与 HPR 预测曲线均有趋于平缓的趋势,且 OUR 模拟值比 HPR 模拟值大,在接近饱食期结束时这一差值越发明显(拐点附近,HPR 预测曲线斜率变化更大)。可能是因为在拐点附近,系统不能保证严格饱食状态,而这一变化对于 HPR 的影响更大。

当基质浓度 100mg/L 时,基于 OUR 与 HPR 的相对误差范围分别为 $(-17.96\%~23.28\%)$ 和 $(-19.33\%~20.85\%)$,平均误差为 18.52% 和 14.35%;当基质浓度 200mg/L 时,基于 OUR 与 HPR 的相对误差范围分别为 $(-17.96\%~13.54\%)$ 和 $(-19.33\%~20.85\%)$,平均误差为 12.91% 和 10.85%;当基质浓度 300mg/L 时,基于 OUR 与 HPR 的相对误差范围分别为

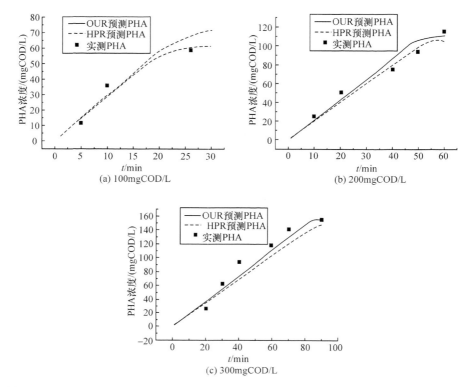

图 8.20　基于 OUR-HPR 预测基质浓度在 100mgCOD/L,200mgCOD/L 及 300mgCOD/L
时 PHA 浓度

(−22.83%～28.58%)和(−26.5%～30.33%),平均误差为 13.23%和 17.67%。导致误差的原因包括:①活性污泥中的初始 PHA 量,只有在活性污泥的初始 PHA 量趋于零时,PHA 合成量(预测值)才与饱食期活性污泥中的 PHA 量相等,实际情况可能并非如此;②PHA 浓度的测量误差;③CO_2 吹脱导致的非线性 HPR 响应[28],文中假设质子消耗的背景值为定值,这种假设虽然将计算进行了简化,但对预测结果会产生影响。

　　Villano 等[29]在饱食-饥饿过程驯化 PHA 菌群,用 DO 曲线最低点来预测饱食期的结束,取饱食期稳定驯化污泥生产 PHA,产量可达 90%以上。本研究提出的预测方程不仅能预测饱食期各时刻 PHA 合成量,而且 OUR 及 HPR 预测曲线的拐点能够用于指示饱食期的结束,对实际工况生产 PHA 有重要指示作用。

　　在理论上,SSAG-SMP 模型在减去内源呼吸的耗氧(质子消耗)响应后,余下的耗氧(质子消耗)响应主要包括三个过程:外部基质的好氧储存(即是 PHA 合成)、基于外部基质的好氧生长及基于内部储存物 PHA 的好氧生长。Sin 等[7]认为严格饱食情况下,基于内部贮存物好氧生长这一过程受到抑制,即在除去内源呼吸后,总的耗氧(质子消耗)仅来自外部基质的好氧储存(即 PHA 的合成)及基于外部基质的好氧生长。根据 SSAG-SMP 模型,在忽略基于内部储存物 PHA 的好氧生长的条件下可以导出,方程(8.7)和式(8.8)右边的所有量均是 SSAG-SMP 模型的相关参数(常数)。因此,在利用 OUR 和 HPR 监测数据在线估计 PHA 合成量前,需要进行模型校核[30,31],再根据方程(8.7)和式(8.8)计算常数 $K_{PHA,OUR}$ 和 $K_{PHA,HPR}$。但是,前述线性回归分析的结果表明,线性回归方法完全可以替代复杂的模型校核方法,直接确定 PHA 与氧消耗量、质子消耗量间的线性系数 $K_{PHA,OUR}$ 和 $K_{PHA,HPR}$,这将极大地减少基于 OUR 和 HPR 监测数据在线估计 PHA 合成量的复杂性和工作量。

$$K_{PHA,OUR}=\frac{Y_{STO}k_{STO}f_{STO}}{(1-Y_{STO})k_{STO}f_{STO}+\left(\dfrac{1}{Y_{H,S}}-1-k_{UAP}\right)\mu_{H,S}(1-f_{STO})} \tag{8.7}$$

$$K_{PHA,HPR}=\frac{Y_{STO}k_{STO}f_{STO}}{\dfrac{m}{C}k_{STO}f_{STO}+\left(\dfrac{m}{Y_{H,S}C}+\dfrac{i_{NBM}p}{14}\right)\mu_{H,S}(1-f_{STO})} \tag{8.8}$$

相比较来说,OUR 测量方法更为成熟,多应用于各种好氧反应系统中。其优点在于响应信号明显,由内源呼吸等产生的氧气消耗速率背景值在整个反应过程中一致。但实际 PHA 生产常采用厌氧-好氧活性污泥工艺,这在一定程度上限制了 OUR 测量方法的应用范围。相比于 OUR 测量,HPR 适用于任何涉及质子产生及消耗的反应系统,应用前景更为广泛。但 HPR 测量方法得到的响应信号较小,且反应系统中背景质子产生速率在试验过程中并非恒定,这在一定程度上会增大误差,因而还需要更多的研究来提高 HPR 测量的准确性。

8.6　本 章 小 结

(1) 向反应器内脉冲投加不同浓度乙酸基质,OUR-HPR、PHA、COD 曲线的变化基本一致:在饱食阶段,OUR、HPR 保持在较高水平,COD 浓度下降,PHA 含量上升;进入饥饿阶段后,COD 浓度下降到最低水平,PHA 含量开始下降,HPR 下降到最低水平并趋于平稳,OUR 同时下降到较低水平;当 PHA 含量下降到最低水平时,OUR 趋于平稳,活性污泥进入内源呼吸阶段。

(2) 基质投加方式对活性污泥储存消耗乙酸基质有重要影响。基质投加历时分别为 15min、30min、60min 时,能观察与脉冲投加相似的明显的饱食饥饿 OUR 曲线;当基质投加历时为 120min 和 300min 时,OUR 曲线没有明显的饱食期。随着投加时间增长,饱食期平均 OUR 和最大 OUR 均下降,PHA 产率降低,甚至发生 PHA 的净消耗。随着基质投加历时的增长,OUR、HPR 在饱食期均为缓慢增长,说明此过程外部基质贮存、基于外部基质的直接生长、基于贮存物的间接生长同时发生。

　　(3) SSAG-SMP 模型对 OUR、COD 浓度、HPR 模拟结果与实验数据相吻合。OUR、HPR 模拟结果呈现了各个子过程对 OUR 的贡献;当基质充足时,贮存有机物过程的质子消耗速率及氧气消耗速率为利用外部基质直接生长的两倍。

　　(4) 在饱食期(外部基质充足时),PHA 储存氧气消耗分数 $k_{PHA,OUR}$ 和质子消耗分数 $k_{PHA,HPR}$ 为常数,PHA 合成速率与 OUR、HPR 存在线性关系,利用 OUR、HPR 与 PHA 浓度之间的线性关系估计饱食期 PHA 的合成量具有可行性。

参 考 文 献

[1] Gujer W, Henze M, Mino T, et al. Activated sludge model no. 3[J]. Water Science and Technology, 1999, 39(1):183-193.

[2] Krishna C, van Loosdrecht M. Substrate flux into storage and growth in relation to activated sludge modeling[J]. Water Research, 1999, 33(14):3149-3161.

[3] Beccari M, Dionisi D, Giuliani A, Majone M, Ramadori, R. Effect of different carbon sources on aerobic storage byactivated sludge[J]. Water Science and Technology, 2002, 45 (6): 157-168.

[4] Karahan-Gul O, van Loosdrecht M C M, Orhon D. Modification of activated sludge model no. 3 considering direct growth on primary substrate[J]. Water Science and Technology, 2003, 47(11):219-225.

[5] Dionisi D, Majone M, Miccheli A, Puccetti C, Sinisi C. Glutamic acid removal and PHB storage in theactivated sludge process under dynamic conditions[J]. Biotechnology and Bioengineering, 2004, 86:842-851.

[6] Ciggin A S, Karahan O, Orhon D. Effect of feeding pattern on biochemical storage byactivated sludge under anoxic conditions[J]. Water Research, 2007, 41:924-934.

[7] Sin G, Guisasola A, DePauw D J W, et al. A new approach for modelling simultaneous storage and growth processes for activated sludge systems under aerobic conditions[J]. Biotechnology and Bioengineering, 2005, 92(5):600-613.

[8] Ni B J, Yu H Q. Simulation of heterotrophic storage and growth processes in activated sludge under aerobic conditions[J]. Chemical Engineering Journal, 2008, 140:101-109.

[9] Ni B J, Yu H Q. Storage and growth of denitrifiers in aerobic cranules:Part I. model development[J]. Biotechnology and Bioengineering, 2008, 99:314-323.

[10] Karahan O, Orhon D, van Loosdrecht M C M. Simultaneous storage and utilization of polyhydroxyalkanoates and glycogen under aerobic conditions[J]. Water Science and Technology, 2008, 58:945-951.

[11] Hoque M A, Aravinthan V, Pradhan N M. Calibration of biokinetic model for acetate biodegradation using combined respirometric and titrimetric measurements[J]. Bioresource

Technology,2010,101:1426-1434.

[12] Ni B J,Yu H Q,. A new kinetic approach to microbial storage process[J]. Applied Microbiology and Biotechnology,2007,76:1431-1438.

[13] Pratt S,Yuan Z,Keller J. Modeling aerobic carbon oxidation and storage by integrating respirometric,tritrimetric and off-gas CO_2 measurements[J]. Biotechnology and Bioengineering,2004,88(1):135-147.

[14] Oehmen A,Keller-Lehmann B,Zeng R J,et al. Optimisation of poly-b-hydroxyalkanoate analysis using gas chromatography for enhanced biological phosphorus removal systems[J]. Journal of Chromatography A,2005,1070(1-2):131-136.

[15] 由阳,彭永臻,王淑莹,等. 强化生物除磷系统胞内聚合物测定方法优化[J]. 哈尔滨工业大学学报,2010,42(2):207-211.

[16] van Loosdrecht M C M,Heijnen J J. Modelling of activated sludge Process with structured biomass[J]. Water Science and Technology,2002,45(6):12-23.

[17] Beun J J,Paletta F,van Loosdreeht M C M,et al. Stoichiometry and kinetics of Poly-β-hydroxybutyrate metabolismin aerobic,slow growing activated sludge cultures [J]. Biotechnology and Bioengineering,2000,67(4):379-389.

[18] Reis M A M,Serafim L S,Lemos P C,et al. Production of polyhydroxyalkanoates by mixed microbial cultures[J]. Bioprocess and Biosystems Engineering,2003,25(6):377-385.

[19] 范吉. 包含溶解性微生物产物形成与降解及同时贮存与生长机理的新活性污泥数学模型建立与模拟研究[D]. 上海:华东理工大学,2011.

[20] Hoque M A,Arayinthan V,Pradhan N M. Assessment on activated sludge models for acetate biodegradation under aerobic conditions [J]. Water Science and Technology,2009,604:983-991.

[21] Reichert P. Aquasim 2. 0-user manual,computer program forthe identification and simulation of aquatic systems[D]. EAWAG:Dübendorf,Switzerland (ISBN 3906484165),1998.

[22] Oehmen A,Keller-Lehmann B,Zeng R J,et al. Optimisation of poly-β-hydroxyalkanoate analysis using gas chromatography for enhanced biological phosphorus removal systems [J]. Journal of Chromatography A,2005,1070(1):131-136.

[23] Dias J M L,Oehmen A,Serafim L S,et al. Metabolic modelling of polyhydroxyalkanoate copolymers production by mixed microbial cultures[J]. BMC Systems Biology,2008,2(1):59.

[24] Pardelha,F,Albuquerque M G E,Reis M A M,et al . Flux balance analysis of mixed microbial cultures:application to the production of polyhydroxyalkanoates from complex mixtures of volatile fatty acids [J]. Journal of Biotechnology,2012,163(2):336-345.

[25] Pardelha,F,Albuquerque M G E,Carvalho G,et al . Segregated flux balance analysis constrained by population structure/function data:The case of PHA production by mixed microbial cultures [J]. Biotechnology and Bioengineering,2013,110(8):2267-2276.

[26] Mesquita D P,Leal C,Cunha J R,et al. Prediction of intracellular storage polymers using quantitative image analysis in enhanced biological phosphorus removal systems [J]. Analyti-

ca Chimica Acta,2013,770:36-44.

[27] Dias J M L,Pardelha F,Eusébio M,et al. On-line monitoring of PHB production by mixed microbial cultures using respirometry, titrimetry and chemometric modelling [J]. Process Biochemistry,2009,44(4):419-427.

[28] Sin G,Vanrolleghem P A. Extensions to modeling aerobic carbon degradation using combined respirometric-titrimetric measurements in view of activated sludge model calibration [J]. Water Research,2007,41(15):3345-3358.

[29] Villano M,Valentino F,Barbetta A,et al. Polyhydroxyalkanoates production with mixed microbial cultures: from culture selection to polymer recovery in a high-rate continuous process [J]. New Biotechnology,2013,31(4):289-296.

[30] Fan J,Vanrolleghem P A,Lu S,et al. Modification of the kinetics for modeling substrate storage and biomass growth mechanism in activated sludge system under aerobic condition [J]. Chemical Engineering Science,2012,78:75-81.

[31] Hoque M A,Aravinthan V,Pradhan N M. Calibration of biokinetic model for acetate biodegradation using combined respirometric and titrimetric measurements [J]. Bioresource Technology,2010,101(5):1426-1434.

第9章　呼吸-滴定测量在生物除磷过程中的应用

　　相对于氮，控制磷的排放对于防止地表水体富营养化更为关键。废水强化生物除磷(enhanced biological phosphorus removal，EBPR)技术已经广泛应用。然而，由于对影响除磷微生物聚磷菌(phosphorus accumulating organisms，PAOs)代谢性能的因素仍不十分清楚，特别是由于缺乏对 EBPR 运行过程动态特性的监测而不能及时采取有效的运行控制策略，强化生物除磷系统常常因为目前人们所不熟知的原因崩溃，处理效果恶化从而导致部分或全部失去除磷功能。目前，已建 EBPR 工艺不能有效运行，甚至被化学除磷取代的现象屡见不鲜。影响 EBPR 除磷的本质在于系统内 PAOs 生物活性降低或种群结构劣化。理论上，废水处理微生物的世代周期较长，其种群结构对外部条件变化具有滞后性，只要在短时间内(如数小时)通过原位实测和软测量能发现外界干扰或冲击负荷，并采取恰当调控措施，使系统重回到适宜微生物生长繁殖的条件，就能不断促进功能微生物向最优化种群结构演进，提高系统处理效率、增强抗干扰能力和运行稳定[1]。然而，无论是日常运行过程管理，还是特殊条件下调控策略的决策及其效果评估，都需要对 EBPR 系统运行状态和 PAOs 代谢活性进行快速监测和评估。常用的测量挥发性脂肪酸(volatile fatty acid，VFA)吸收速率、释磷/吸磷速率、PHAs 合成与氧化速率等指标的方法还不具有应用于 EBPR 过程在线监测的可行性。在线监测技术和方法的缺乏导致 EBPR 系统的运行管理处于"黑箱"状态，依据出水磷浓度所采取的调控措施可能严重滞后，甚至造成系统严重失效。紧随呼吸-滴定测量技术已经在废水生物去除 COD 和脱氮过程的状态监测、微生物活性评估、毒性物质抑制影响、参数测定等方面的广泛研究和部分实际应用，废水生物除磷过程的 OUR 和 HPR 响应特性及呼吸测量和滴定测量技术在该过程中的应用也非常值得研究。

9.1　生物除磷过程 OUR-HPR 响应的理论基础

9.1.1　厌氧释磷阶段

　　废水生物除磷的厌氧释磷不涉及氧气的利用，因此无 OUR 响应，但该阶段涉及多种物质的化学和生物化学转化，见图 9.1。这些过程分别引发了质子的产生或者消耗：①细胞吸收挥发性脂肪酸(VFA)形成胞内聚基烷酸盐(PHA)；②胞内聚磷(PP)释放形成胞外磷酸盐(PO_4^{3-})；③糖原酵解产生 CO_2 进入混合液；④混合液中 CO_2 吹脱进入大气等[2]。这些过程的共同作用导致废水生物除磷厌氧阶段的

HPR 响应。

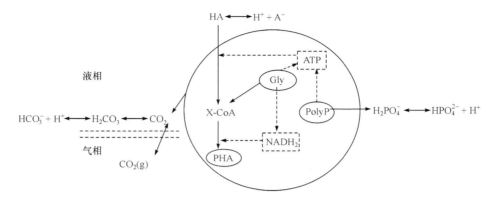

图 9.1　EBPR 厌氧阶段主要化学和生物反应过程图示[2]

1) VFA 的吸收

废水生物除磷过程厌氧吸收的 VFA 主要是乙酸和丙酸,这些酸的 pKa 都小于 5(25℃下,pKac=4.8,pKprop=4.9)。因此,在废水的中性 pH 条件下,它们几乎完全以离子态形式存在。但是,厌氧释磷过程 VFA 被吸收时以中性分子态穿过细胞壁。因此,VFA 吸收导致平衡(式 9.1)左移,导致质子的消耗。该平衡的 HP 可计算为方程(9.2):

$$C_X H_Y O_Z \xleftrightarrow{\text{pKa}} C_X H_{Y-1} O_Z^- + H^+ \tag{9.1}$$

$$HP_{VFA} = -\frac{VFA_{uptake}}{1+10^{pKa-pH}} \tag{9.2}$$

2) 磷酸盐的释放

磷酸盐平衡如式(9.3)所示。当 pH 在 7.5 左右时,大约一半的总磷以 $H_2PO_4^-$ 形式存在,剩下的以 HPO_4^{2-} 形式存在,基本上可忽略第一项和第三项平衡。当 $H_2PO_4^-$ 转化为 HPO_4^{2-} 时,产生质子释放到溶液中,导致 pH 降低。微生物生长消耗的磷的量很低,其导致的质子产生可忽略不计。因此,厌氧释磷阶段质子产生可依据方程(9.4)和方程(9.5)进行计算。

$$H_3PO_4 \xleftrightarrow{\text{pK}_{P1}} H^+ + H_2PO_4^- \xleftrightarrow{\text{pK}_{P2}} 2H^+ + HPO_4^{2-} \xleftrightarrow{\text{pK}_{P3}} 3H^+ + PO_4^{3-} \tag{9.3}$$

$$(25℃下,pK_{P1}=2.2,pK_{P2}=7.2,pK_{P3}=12.3)$$

$$HP_P = \frac{P_{release}}{1+10^{pK_{P2}-pH}} \tag{9.4}$$

$$HP_P = -\frac{P_{uptake}}{1+10^{pK_{P2}-pH}} \tag{9.5}$$

3) CO_2 的产生和吹脱

溶液中碳酸盐体系的平衡见式(9.6)。

$$CO_2 + H_2O \longleftrightarrow H_2CO_3 \overset{pK_1}{\longleftrightarrow} H^+ + HCO_3^- \overset{pK_2}{\longleftrightarrow} 2H^+ + CO_3^{2-} \qquad (9.6)$$

$$(25℃下,pK_1=6.36,pK_2=10.35)$$

当 pH 在 7 左右时,溶液中大部分无机碳以 HCO_3^- 形式存在。当对溶液进行曝气时,CO_2 被吹脱,导致平衡左移,造成质子消耗,pH 增大。在通过通入氮气来获得厌氧状态时就会导致 CO_2 的吹脱,进而会对 HPR 测量造成很大影响,它甚至会掩盖掉 VFA 吸收和磷释放过程的质子变化效应。

如果厌氧释磷阶段同时存在有机物降解,就会产生部分 CO_2,导致平衡右移,产生质子,pH 减小。结合物质守恒和化学平衡,CO_2 产生和吹脱过程质子产生和消耗的综合效应可由方程(9.7)进行计算。

$$HP_{CO_2} = \frac{CO_{2production} - CO_{2stripping}}{1 + 10^{pK_1 - pH}} \qquad (9.7)$$

式中,$CO_{2production}$、$CO_{2stripping}$ 分别为 CO_2 产生和吹脱量;pH 为系统 pH。

综合上述各过程,废水生物除磷厌氧释磷阶段的质子效应为

$$HP_{anaer} = \frac{CO_{2production} - CO_{2stripping}}{1 + 10^{pK_{C1} - pH}} + \frac{P_{release}}{1 + 10^{pK_{P2} - pH}} - \frac{VFA_{uptake}}{1 + 10^{pK_{VFA} - pH}} \qquad (9.8)$$

9.1.2　好氧/缺氧吸磷阶段

废水生物除磷的好氧吸磷阶段涉及的主要过程包括(图 9.2):①胞内聚合物的好氧氧化,②细胞吸收胞外 PO_4^{3-} 形成胞内聚磷 PP,③混合液中 CO_2 吹脱;如果存在外源有机物和氨氮,则还存在④外源有机物的好氧氧化和⑤NH_4^+ 的两步硝化。

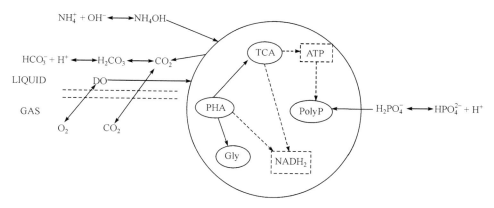

图 9.2　EBPR 好氧阶段主要化学和生物反应过程图示[2]

其中,胞内聚合物的氧化会产生 OUR 响应,但胞外有机物和氨氮的存在也会产生 OUR 响应,对吸磷过程的 OUR 信号造成干扰。在所有这些反应过程中,磷吸收耗能最高,导致了最高的氧消耗。磷吸收完毕,剩下的反应继续进行,氧耗以较低的速率继续发生。

好氧吸磷的全部过程都会产生质子效应,其中 CO_2 的产生和吹脱更加明显,磷吸收导致了与磷释放相反的质子效应。氨是弱碱,在 pH 接近中性时,大部分氨氮以离子形式存在,见式(9.9),氨的两步硝化导致质子的产生(见第 5 章式(5.3)和式(5.4))。细胞合成对氨的吸收也会导致质子产生式(9.10),但与其他过程相比,其质子效应通常可以忽略。

$$NH_4^+ \xleftrightarrow{pK_{NH_3}} NH_3 + H^+ \tag{9.9}$$
$$(25℃下,pK_{NH_3}=9.25)$$

$$HP_N = \frac{N_{uptake}}{1+10^{pK_{NH_3}-pH}} \tag{9.10}$$

上述过程综合作用下的废水生物除磷好氧吸磷过程的质子效应为

$$HP_{aer.} = \frac{CO_{2production}-CO_{2stripping}}{1+10^{pK_{C1}-pH}} - \frac{P_{uptake}}{1+10^{pK_{P2}-pH}} + \frac{N_{uptake}}{1+10^{pK_{NH_3}-pH}} \tag{9.11}$$

因此,废水生物除磷的好氧吸磷过程同时存在 OUR 响应和 HPR 响应,理论上呼吸测量和滴定测量都可以用于监测好氧阶段。但是,磷吸收以外的多个过程同时存在导致其 OUR 信息和 HPR 信息对吸磷过程的信息造成干扰,增加了信号解析的难度。

反硝化除磷过程以硝酸盐为电子受体、氧化有机物、产生能量、进行磷的吸收,其硝态氮的还原、磷酸盐的吸收、胞内有机物产生 CO_2、CO_2 的吹脱等过程也同样会产生质子产生或消耗效应,滴定测量也具有应用的可能性。

表 9.1 为厌氧释磷、好氧吸磷、缺氧吸磷过程的 HP。

表 9.1　厌氧释磷、好氧吸磷、缺氧吸磷过程的 HP[2,3]

过程	pH 的影响	HP/(mmol H⁺)
厌氧阶段		
VFA 吸收	碱化	$-\dfrac{VFA_{uptake}}{1+10^{pK_{VFA}-pH}}$
P 释放	酸化	$\dfrac{P_{release}}{1+10^{pK_{P2}-pH}}$
CO_2 产生	酸化	$\dfrac{CO_{2production}}{1+10^{pK_{C1}-pH}}$
CO_2 吹脱	碱化	$-\dfrac{CO_{2stripping}}{1+10^{pK_{C1}-pH}}$

续表

过程	pH 的影响	HP/(mmol H⁺)
好氧阶段		
P 吸收	碱化	$-\dfrac{P_{uptake}}{1+10^{pK_{P2}-pH}}$
CO_2 产生	酸化	$\dfrac{CO_{2production}}{1+10^{pK_{C1}-pH}}$
CO_2 吹脱	碱化	$-\dfrac{CO_{2stripping}}{1+10^{pK_{C1}-pH}}$
氨吸收	酸化	$\dfrac{N_{uptake}}{1+10^{pK_{NH_3}-pH}}$
缺氧阶段		
P 吸收	碱化	$-\dfrac{P_{uptake}}{1+10^{pK_{P2}-pH}}$
NO_3^- 还原为 NO_2^-	碱化	$-\dfrac{NO_{3reduction}}{1+10^{pK_{NO_3}-pH}}$
NO_2^- 还原为 N_2	碱化	$-\dfrac{NO_{2reduction}}{1+10^{pK_{NO_2}-pH}}$
氨吸收	酸化	$\dfrac{N_{uptake}}{1+10^{pK_{NH_3}-pH}}$
CO_2 产生	碱化	$-\dfrac{CO_{2stripping}}{1+10^{pK_{C1}-pH}}$
CO_2 吹脱	酸化	$\dfrac{CO_{2production}}{1+10^{pK_{C1}-pH}}$

9.2　好氧吸磷过程的 OUR 响应实验研究

9.2.1　聚磷菌的富集与性能测试

1. 材料与方法

接种污泥取自污水处理厂具有除磷功能的活性污泥,其 MLVSS/MLSS 为 0.46。人工合成废水组分见表 9.2,以乙酸钠或丙酸钠作为碳源(COD:600～800mg/L),以氯化铵为氮源(NH_4^+-N:40mg/L),以 KH_2PO_4 和 K_2HPO_4 混合溶液为磷源(PO_4^{3-}-P:40mg/L)。每升合成废水加入 2mL 微量元素营养液,成分见表 9.3。进水 VFA 周期性(1 倍污泥龄)在乙酸钠和丙酸钠之间交替,有利于富集聚磷菌。

表9.2　合成废水组分表

基质名称	基质浓度	基质名称	基质浓度
NH₄Cl	0.153g/L	乙酸钠(丙酸钠)	1.69(0.72)g/L
ATU(硝化抑制剂)	1.19mg/L	蛋白胨	1.5mg/L
酵母膏	1.5mg/L	MgSO₄·7H₂O	0.18g/L
CaCl₂·H₂O	0.03g/L	KH₂PO₄	0.09g/L
K₂HPO₄	0.11g/L		

表9.3　微量元素表

组成	质量浓度	组成	质量浓度	组成	质量浓度
KI	0.18g/L	MnCl₂·4H₂O	0.12g/L	H₃BO₃	0.15g/L
ZnSO₄·7H₂O	0.12g/L	CoCl₂·6H₂O	0.15g/L	钼酸铵	0.04g/L
CuSO₄·5H₂O	0.03g/L	FeCl₃·6H₂O	1.5g/L	EDTA	10g/L

2. 实验装置及其控制

采用厌氧-好氧 SBR 系统来富集聚磷菌,反应器为有机玻璃材质,总容积为8L,泥水混合物体积约为6L。反应器装置见图9.3。

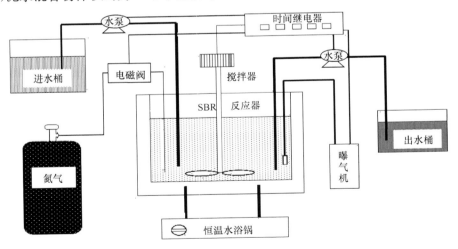

图9.3　SBR 反应器示意图

SBR 采用 PLC 自动控制,运行周期为厌氧-好氧-沉淀-出水。SBR 总运行周期为6.0h,其中厌氧2.3h(含进水15min),好氧2.7h,沉淀1.0h(含出水15min),见示意图9.4。SBR 反应器内 pH 通过投加0.1mol/L HCl 或0.1mol/L NaOH 维持在7.0~8.0,反应器内水温控制在20℃左右。厌氧阶段开始通入20min 的氮气以创造和维持厌氧条件。在好氧阶段进行曝气,使系统中的 DO 浓度为 5～7mg/L。整个循环从通入氮气开始,厌氧阶段开始的前 15min 为进水阶段,2L 的合成废水被泵入系统。为了控制 SBR 的污泥停留时间(SRT)在 10d 左右,每个周期需要排放约 150mL 的混合液,因此每天共要排放 600mL 的混合液。在沉淀结束后,2L 上清液泵出 SBR 系统,因此总的水力停留时间(HRT)为 18h 左右。定期对反应器的 PO_4^{3-}-P 浓度、MLSS(MLVSS)和活性污泥 PHA 等指标进行取样分析。

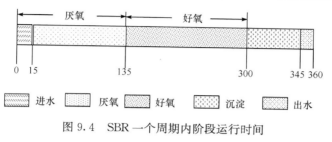

图 9.4 SBR 一个周期内阶段运行时间

3. 测试方法

OUR 测量主要是依赖实验室自行开发的混合呼吸仪。常规测试项目按照《水和废水监测分析方法》(第四版)和《环境监测实验》规定的标准分析方法。胞内聚合物(PHA)的检测采用气相色谱法[4,5]。

4. 工艺运行结果

富集实验进行了 3 个月。对进水 PO_4^{3-}-P、厌氧结束 PO_4^{3-}-P 以及出水 PO_4^{3-}-P 浓度进行监测,分析厌氧阶段 PO_4^{3-}-P 的释放量以及 PO_4^{3-}-P 的去除率(图 9.5 和图 9.6),分析工艺运行情况。由图 9.5 可以看出,反应器运行初期生物除磷效果不稳定,进水磷酸盐在 12.5～21.53mg/L 波动,磷酸盐的去除率在 46%～80%波动。在富集前期,当基质类型由乙酸钠转化为丙酸钠后,磷酸盐去除率迅速下降,去除率在 30%～45%。富集 60d 之后,基质转换对磷酸盐去除率影响不大,去除率在 90%以上,有时出水磷酸盐浓度低至检测限值以下。

由图 9.6 可以看出,在反应器运行前 2 个月,反应器除磷效果不稳定,出水 PO_4^{3-}-P 浓度变化较大,在反应器运行 2 个月之后,出水 PO_4^{3-}-P 浓度较低,满足出水 PO_4^{3-}-P 浓度的限值。在反应器运行稳定后,以乙酸钠为基质时厌氧结束后 PO_4^{3-}-P 浓度约为 110mg/L,以丙酸钠为基质时厌氧结束后 PO_4^{3-}-P 浓度约为 80mg/L。系统稳定后以乙酸钠为碳源时 PO_4^{3-}-P 释放与 VFA 的吸收比值约为 0.62Pmol/Cmol,以丙酸钠为碳源时 PO_4^{3-}-P 释放与 VFA 的吸收比值约为为 0.38Pmol/Cmol,这一研究结果与 Lu 等研究结果相近[6],可以看出 SBR 工艺运行良好并有较好的除磷效果。

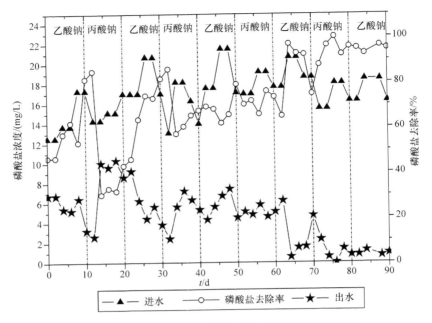

图 9.5　厌氧-好氧 SBR 系统 PO_4^{3-}-P 浓度变化情况-1

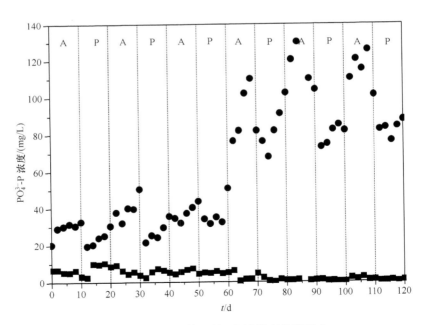

图 9.6　SBR 系统 PO_4^{3-}-P 浓度变化情况-2

A:乙酸钠;P:丙酸钠;■出水中 P 浓度;●厌氧段结束时 P 浓度

　　反应器运行初期生物除磷效果不稳定的可能原因是微生物中存在与聚磷菌
(PAOs)竞争碳源的微生物——聚糖菌(GAOs)。GAOs 在厌氧段与 PAOs 竞争
有限的碳源,在好氧段并不吸收磷酸盐,导致系统除磷效果降低甚至消失。目前许
多研究者着重于对聚磷微生物的基质利用类型研究,结果表明当基质由乙酸转化
为丙酸时,PAOs 能迅速地吸收,而 GAOs 却不能[7]。本实验基于上述研究成果,
采用周期性变更基质类型,淘汰 GAOs,从而富集得到纯度较高的 PAOs。研究结
果表明:对 PAOs 而言,丙酸可能更有利于其与 GAO 的长期竞争,但就短期效率,
乙酸更有利(初期释磷更快),与吉芳英等[8]研究结果一致。通过交替变更基质类
型,能够有效富集 PAOs,达到良好的除磷效果。

　　为了进一步研究厌氧-好氧 SBR 系统聚磷菌的富集效果以及富集的 PAOs 的
特性,在 SBR 系统稳定后分别开展以乙酸钠为基质和以丙酸钠为基质的 SBR 周
期批实验,结果详见图 9.7(a)、(b)。

　　由图 9.7 可以看出,以乙酸钠为唯一碳源时,PO_4^{3-}-P 释放量达 4.01mmolP/L,
PHA 合成量为 7.76mmolC/L,VFA 的吸收量为 6.2mmolC/L,PO_4^{3-}-P/VFA 和
PHA/VFA 的计量系数分别为 0.65mmolP/mmolC 和 1.25mmolC/mmolC。以丙
酸钠为唯一碳源时,PO_4^{3-}-P 释放量达 1.61mmolP/L,PHA 合成量为 4.77mmolC/L,
VFA 的吸收量为 3.98mmolC/L,PO_4^{3-}-P/VFA 和 PHA/VFA 的化学计量系数分
别为 0.40mmolP/mmolC 和 1.20mmolC/mmolC,这与其他研究成果较吻合[9-13]。
同时发现,以乙酸盐为单一碳源时,合成的 PHA 中 PHB 比例近似 91%,PHV 比

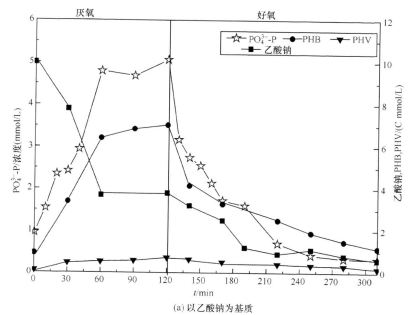

(a) 以乙酸钠为基质

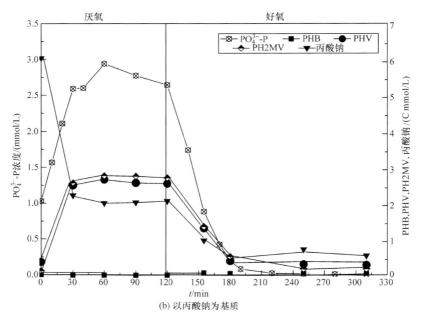

(b) 以丙酸钠为基质

图 9.7　SBR 系统周期碳源、PO_4^{3-}-P 浓度变化情况

例近似 9%，PH2MV 已低于检测限。当以丙酸盐为单一碳源时，PHB 含量降低至 1.17%，PHV 和 PH2MV 含量相当。由表 9.4 可以看出，本实验厌氧段的 PO_4^{3-}-P 和 PHA 的计量系数与其他研究成果较一致，可以认为聚磷菌的富集效果较好。

表 9.4　厌氧段化学计量关系的比较(以乙酸钠和丙酸钠为基质)

文献来源	碳源类型	PHA/VFA	PHB/VFA	PHV/VFA	PH2MV/VFA
[11]	乙酸	1.22	1.10	0.12	0
[10]	乙酸	1.30	1.15	0.15	0
[12]	乙酸	1.40	1.11	0.29	0
本实验结果	乙酸	1.25	1.14	0.12	0
[4]	丙酸	1.23	0.04	0.55	0.65
[13]	丙酸	1.20	<0.05	0.60	0.58
本实验结果	丙酸	1.2	0.02	0.55	0.65

　　由图 9.7 可以看到聚磷菌好氧代谢过程，以乙酸钠作为唯一碳源时，PO_4^{3-}-P 浓度由 5.06mmolP/L 降到 0.32mmolP/L，吸收量达 4.74mmolP/L，PHA 由

7.76mmolC/L 降到 1.33mmolC/L,PHA 降解量 6.43mmolC/L,聚合磷酸盐合成量(PO_4^{3-}-P 的吸收)的化学计量系数为 0.73mmolP/mmolC;以丙酸钠为唯一碳源时,PO_4^{3-}-P 浓度由 2.64mmolP/L 降到 0.001mmolP/L,吸收量达 2.63mmolP/L,PHA 浓度由 5.4mmolC/L 降到 0.59mmolC/L,PHA 降解量 4.81mmolC/L,聚合磷酸盐合成量(PO_4^{3-}-P 的吸收)的化学计量系数为 0.51mmolP/mmolC。结果表明,乙酸钠为碳源的好氧代谢过程的有机物利用效率高于丙酸钠为碳源。

由图 9.7 可知,以乙酸盐为唯一基质时,厌氧过程的比释磷速率为 0.98mmolP/gVSS/h,比 PHA 合成速率为 1.91mmolC/gVSS/h,好氧过程的比吸磷速率为 0.74mmolP/gVSS/h,比 PHA 降解速率为 1.01mmolC/gVSS/h。以丙酸盐为唯一基质时,厌氧过程的比释磷速率为 0.39mmolP/gVSS/h,比 PHA 合成速率为 1.17mmolC/gVSS/h,好氧过程的比吸磷速率为 0.41mmolP/gVSS/h,比 PHA 降解速率为 0.7mmolC/gVSS/h,研究结果大于前人研究结果[14],结果说明富集污泥中聚磷菌是主要菌种。

9.2.2　无外源 COD 条件下好氧吸磷过程的 OUR 响应

1. 实验方案

实验包括以乙酸盐为初始基质和以丙酸盐为初始基质两个子实验,实验程序为:取 SBR 运行好氧结束后的活性污泥,然后淘洗污泥 3～4 次,将其放入混合呼吸仪的曝气室中,先通入氮气确保厌氧条件,投加乙酸钠或丙酸钠储备液使曝气室的初始 COD 浓度为 200mg/L,PAOs 在厌氧条件下运行释磷实验;2h 后再次淘洗污泥以去除可能残留的 COD 和释放出的 PO_4^{3-}-P,然后投加 KH_2PO_4 储备液使曝气室的 PO_4^{3-}-P 浓度为 80mg/L 左右,使用混合呼吸仪对好氧吸磷过程进行 OUR 测试,同时间隔取样分析 PHA。实验过程水温采用水浴控制在 20℃左右。

2. 结果与讨论

1) 过程特征

实验获得的在无外源 COD 存在条件下两种基质类型的好氧吸磷过程的 OUR 曲线、胞内聚合物和磷酸盐浓度变化分别见图 9.8 和图 9.9。

从图 9.8 可以看出以乙酸钠为初始基质时,胞内聚合物的主要成分是 PHB,含有少量的 PHV 和含量极低的 PH2MV。好氧吸磷实验开始,PHB 浓度和磷酸盐浓度处于最大值,对应的 OUR 处于最高水平,最大 OUR 达到 $0.7mgO_2/(L \cdot min)$。在前 30min 内,随着 PHA 和磷酸盐浓度快速降低,OUR 也快速下降;在约 40min,即 PHA 和磷酸盐的浓度降低到 25mg/L 左右,二者的浓度变化速率明显降低,对应着 OUR 突降进入较低水平。约 120min 后,PHA 的氧化和吸磷过程基本结束,

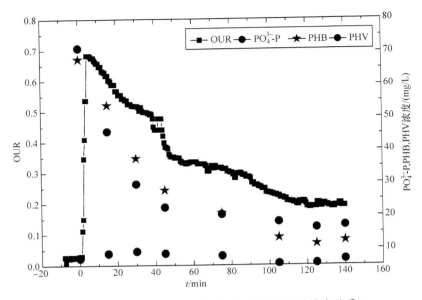

图 9.8   OUR 与 PHB,PO$_4^{3-}$-P 的响应(以乙酸钠为基质)

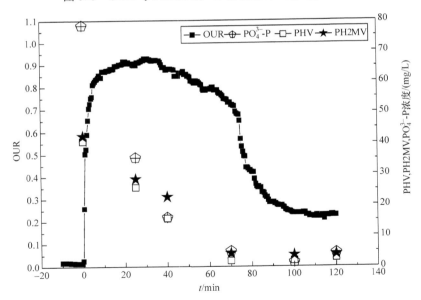

图 9.9   OUR 与 PO$_4^{3-}$-P 浓度,PHV,PH2MV 的响应(以丙酸钠为基质)

OUR 表现出基本恒定的特征。整个吸磷过程中,PO$_4^{3-}$-P 浓度由 71.25mg/L 降低至 16.45mg/L,PHB 浓度由 67.9mg/L 降低至 11.45mg/L,也就是说,每吸收 1mg/L 的 PO$_4^{3-}$-P,需降解 1.03mg/L 的 PHB,消耗 O$_2$ 总量为 22.82mg/L。

由图 9.9 可以看出,以丙酸钠为初始基质时,所形成的胞内聚合物的主要成分是 PHV 和 PH2MV。在实验的前 70min，胞内聚合物和磷酸盐的浓度快速降低，OUR 保持在 $0.7\sim0.9\mathrm{mgO_2}/(\mathrm{L\cdot min})$ 的高位运行。从第 70min 开始，胞内聚合物和磷酸盐的浓度降低至 5mg/L，二者的降解速率转入较低水平，对应着 OUR 有一个突降，并最终进入内源呼吸。在此实验过程中，$\mathrm{PO_4^{3-}}$-P 浓度由 78.37mg/L 降低至 4.36mg/L，PHV 浓度由 40.78mg/L 降低至 2.82mg/L，PH2MV 浓度由 42.38mg/L 降低至 3.93mg/L，相当于降解了 141.71mg/L 的 COD，聚磷菌每消耗 1.91mg/L 的 COD，吸收 1mg/L 的 $\mathrm{PO_4^{3-}}$-P，消耗 O_2 总量为 43.86mg/L。

上述两个实验的结果证实：在没有外源 COD 的条件下，胞内聚合物的好氧氧化的氧利用行为能够通过呼吸测量得到的 OUR 进行表现；无论初始基质为乙酸盐还是丙酸盐，即使其合成的用于好氧段有机基质的胞内聚合物的组成不同，好氧吸磷过程状态的变化（吸磷速率变化、PHA 氧化速率变化）与 OUR 曲线的变化特征存在明显的对应关系，可以通过 OUR 的测量监测好氧吸磷过程的运行状态。

但是，对比两种基质的实验结果也可以发现，尽管厌氧段初始 COD 浓度相同（约 200mg/L），但厌氧段结束后形成的胞内聚合物不仅组成不同、总量也相差较大（乙酸盐条件下 PHV＋PH2MV 大大低于丙酸条件下的 PHB）；由此造成好氧开始时虽然投加的初始磷酸盐浓度相同，但得到的 OUR 曲线及其变化特征存在较大差异：乙酸盐条件下的 OUR 没有最大速率的平台，预示着胞内聚合物没有达到饱和状态，反应一开始 OUR 即快速下降；丙酸盐条件下，在胞内聚合物和磷酸盐浓度快速降低的同时，初始 OUR 保持在较高的水平，表明此时胞内聚合物达到了饱和状态。这种差异一方面由于胞内聚合物的初始浓度的不同，但也不能排除胞内聚合物的组分不同造成的基质半饱和常数不同，较低的半饱和常数可以在较低基质浓度下使反应达到饱和状态，也可以使最终基质浓度降低到更低水平。从图 9.8 和图 9.9 的比较可以初步支撑这一可能性：乙酸盐为基质时，经过约 120min 吸磷基本停止，OUR 进入内源呼吸，但残存磷的浓度仍有 15mg/L 左右，剩余胞内聚合物浓度也在 10mg/L 以上；但是，丙酸盐为基质时，经过约 90min 吸磷基本停止，OUR 进入内源呼吸，胞内聚合物和磷酸盐也快速降低至约 5mg/L；后者的胞内聚合物的氧化速率和磷酸盐的吸收速率高于前者，其氧化完全程度和吸收完全程度也高于前者，对应的 OUR 高于前者。这一结果也与有关研究得到的长期利用丙酸盐为碳源 EBPR 也能达到较好的运行效果[15,16]的结论一致。

2) 基于 OUR 的 PHA 软测量

聚磷菌好氧吸磷过程胞内聚合物 PHA 的氧化发生在两个生物化学过程中：一是聚磷菌的生长过程，该过程的消耗量与氧气消耗量的关系可以通过聚磷菌产率系数 Y_{PAO} 进行表达，如公式（9.12）；另外一个是磷酸盐的好氧吸收过程，该过程消耗的 PHA 的量与消耗的氧气量为 1 : 11 的计量关系,也可以通过产率系数 Y_{PAO} 用磷的吸收量加以表达,如公式(9.13):

$$\Delta X_{PHA}(t_i) = \frac{\int_{t_0}^{t_i} OUR_{ex}(t)dt}{1 - Y_{PAO}} \qquad (9.12)$$

$$\Delta PHA(t_i) = \frac{\int_0^t OUR^{PAO}(t)dt}{1 - Y_{PAO}} + \Delta PHA^{pp}(t_i) \qquad (9.13)$$

式中,X_{PHA} 为 PAO 的有机贮存物,$gCOD/m^3$,Y_{PAO} 为产率系数,$gCOD/gCOD$。如果能够分别获得聚磷菌生长和磷酸盐吸收过程的 OUR,就能够按照公式(9.14)对吸磷过程的 PHA 实现实时软测量:

$$X_{PAH}(t_i) = X_{PHA}(t_0) - \frac{\int_{t_0}^{t_i} OUR^{PAO}tdt}{1 - Y_{PAO}} - \int_{t_0}^{t_i} OUR^{pp}tdt \qquad (9.14)$$

但是,在目前的呼吸测量实验中还无法将两个生物过程分开分别获得各自的 OUR 曲线。但是,基于 ASM2 中化学计量学的典型值 $Y_{PHA} = 0.2gCOD/gCOD$ (即贮存 PP 所需要的 PHA)和在整个实验过程中磷酸盐的吸收总量在60~70mg/L, 估计出在此过程中消耗 PHA 约 12~14mg/L,而在整个聚磷菌好氧吸磷试验中 PHA 的氧化总量为 78~140mg/L,其中聚磷菌好氧生长过程消耗的 PHA 占 85%~90%,而磷酸盐吸收过程消耗的 PHA 仅占 10%~15%。可以根据总的呼吸测量速率,按照聚磷菌生长过程的计量关系对 PHA 浓度进行软测量。分别以乙酸盐和丙酸盐为初始基质的结果见表 9.5、表 9.6 和图 9.10。

表 9.5 乙酸钠为初始基质时 PHB 浓度计算结果

时间 / 评价指标	0	15	30	45	75	105	125
累计 O_2/(mg/L)	—	5.52	11.12	15.6	20.03	22.54	22.82
X_{PHB}实测值/(mgCOD/L)	93.7	74.24	51.8	38.33	28.67	18.41	15.8
X_{PHB}/(mgCOD/L) 基于 OUR 的计算值	77.41	62.5	47.4	35.3	23.33	16.55	15.8
相对误差/%	17.38	15.81	8.49	7.9	18.61	10.01	—

表 9.6　丙酸钠为初始基质时 PHA 计算结果

时间 评价指标	0	25	40	70	100	120
累计 O_2/(mg/L)		15.39	26.11	43.74	43.83	43.86
$X_{PHV+PH2MV}$/(CODmg/L)	155	100.72	70.93	11.15	10.29	12.53
$X_{PHV+PH2MV}$/(CODmg/L) 基于 OUR 的计算值	130.94	89.35	60.4	12.72	12.62	12.53
相对误差/%	15.52	11.28	14.84	14.08	20.12	—

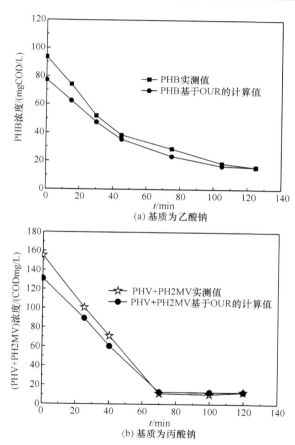

(a) 基质为乙酸钠

(b) 基质为丙酸钠

图 9.10　聚磷菌好氧吸磷过程 PHA 的实测值与基于 OUR 的计算值

当以乙酸钠为唯一碳源时,实际测得的 PHB 消耗总量为 77.9mgCOD/L,基于 OUR 估计的 PHB 消耗总量为 61.67mg/L,相对误差为 20.82%,当以丙酸钠为唯一碳源时,实际测得的 PHV＋PH2MV 消耗总量为 142.47mgCOD/L,基于 OUR 估计的 PHV＋PH2MV 消耗总量为 118.54mg/L,相对误差为 16.79%。从整个 PHA 的降解过程来看(图 9.10),以乙酸钠为唯一碳源时,基于 OUR 估计的 PHB 含量与实测值的相对误差为 7.9%～18.61%,误差的波动范围不大;当以丙酸钠为唯一碳源时,基于 OUR 估计的 PHV+PH2MV 含量与实测值的相对误差为 11.28%～21.82%,误差的波动范围不大。不论厌氧段使用哪种碳源,基于 OUR 估计的 PHA 的含量要低于实测量,出现这种现象有三个原因:①PP 贮存过程消耗 PHA;②PHA 主要有三种组分,分别是 PHB、PHV 和 PH2MV,但是有一种组分含量很低,测试的精度不高;③PHA(mg/L)换算为 PHA(CODmg/L)的换算关系,是基于有机物在 O_2 的作用下转化为 CO_2 和 H_2O 得到的理论值,未加实验验证,有一定的误差是不可避免的。因此,相对于目前 PHA 测量方法的复杂程度和准确程度,通过呼吸测量对吸磷过程的 PHA 的消耗情况进行软测量是可行的。

9.2.3　磷酸盐对聚磷菌好氧过程 OUR 的影响

1. 实验方案

在 SBR 运行好氧结束后取活性污泥,然后淘洗污泥 3～4 次,将其放入混合呼吸仪的曝气室中,通入氮气保持厌氧条件,投加基质乙酸钠使反应器的 COD 浓度到 200mg/L,PAOs 在厌氧状态下运行 2h 后,再次淘洗污泥以去除残留的 COD 和 PAOs 在厌氧段释放出的 PO_4^{3-}-P;然后开始曝氧气,在无磷酸盐、仅有胞内聚合物的条件下进行呼吸测量;30min 后,投加 KH_2PO_4 溶液使曝气室的 PO_4^{3-}-P 浓度为 20mg/L 左右,继续进行呼吸测量,考察磷酸盐投加对 OUR 的影响。呼吸测量实验的同时间隔取样分析 PHA。

2. 结果与讨论

磷酸盐投加前后,聚磷菌胞内聚合物氧化对应的 OUR 曲线见图 9.11。

由图 9.11 可以看出,在没有 PO_4^{3-}-P 存在的情况下,依然存在明显的氧利用行为,呼吸速率从最大值约 0.7mgO_2/(L·min)开始,随着 PHA 的氧化而快速下降,证明在不吸磷的情况下聚磷菌胞内的 PHA 依然会好氧氧化。但是,尽管初始阶段胞内聚合物浓度最大,但仍然没有达到饱和状态。在 PHA 降解了 30min 后投加磷酸盐,呼吸速率曲线发生了明显的改变:OUR 值反而增加并显示出接近基质饱和的呼吸特性;到了约 70min 时,尽管胞内聚合物的总量还有 20～30mg/L,但磷酸盐浓度仅为约 5mg/L,此时呼吸速率快速下降,并最终进入较低的缓慢降低的状态。

这些实验现象清楚显示,尽管聚磷菌胞内聚合物的好氧氧化可以不吸收磷,但是吸磷过程的存在会明显增加 PHA 的氧化速率,更主要是改变反应器的氧利用特征,这对污水处理过程的运行调控很重要,即可以根据磷酸盐的浓度采用合适曝

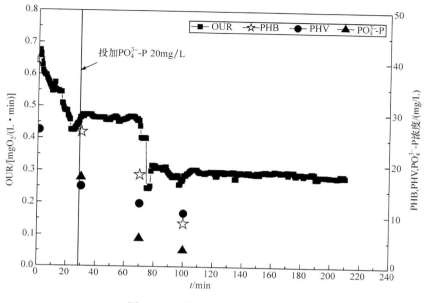

图 9.11　磷酸盐对 OUR 的影响

气策略。造成这种响应的原因可能在于,吸磷过程不仅造成了额外的 PHA 氧化,更主要的是吸磷过程 PHA 氧化与氧气消耗之间的计量关系为 1∶1,而聚磷菌生长过程,甚至普通异养菌好氧过程有机物的氧化与氧气消耗的计量关系大约为 3∶1。这种计量关系上的差异意味着吸磷过程的发生将会大大增加聚磷菌胞内聚合物氧化过程的氧气消耗速率和氧气消耗总量。

9.2.4　富集污泥利用外源 COD 的 OUR 响应

1. 实验方案

分别对富集污泥开展三类实验:

1) 仅有外源 COD 条件下的呼吸实验

从 SBR 好氧段结束后富集污泥,分别淘洗污泥 3~4 次,去除残余的 COD 和 PO_4^{3-}-P,然后将污泥依次放入混合呼吸仪的曝气室内,进行曝气和呼吸测量,确保 PHA 消耗殆尽、OUR 曲线基本趋于内源呼吸的基线后,投加乙酸钠使反应器的初始 COD 浓度达到 100mg/L,继续测量该条件下的 OUR。以丙酸盐为初始基质开展相同的实验。

2) 外源 COD 和磷酸盐条件下富集污泥的呼吸实验

实验过程与 1)类似,只是在投加乙酸钠的同时投加 PO_4^{3-}-P 储备液,使反应器的初始 COD 浓度和 P 浓度分别达到 100mg/L 和 28mg/L。

3）内、外源 COD 同时存在条件下富集污泥的呼吸实验

取 SBR 反应器厌氧段结束后的污泥，均分为 3 份，通入氮气保持厌氧条件，分别淘洗污泥 3～4 次，去除残余的 COD 和 PO_4^{3-}-P，然后将污泥依次放入混合呼吸仪的曝气室内，分别投加乙酸钠使初始 COD 浓度为 0mg/L、80mg/L 和 150mg/L，同时投加 KH_2PO_4 溶液使曝气室初始 PO_4^{3-}-P 浓度为 60mg/L 左右，对好氧吸磷过程进行呼吸测量，同时对 PO_4^{3-}-P 间隔取样分析。整个实验过程水温采用水浴控制在 20℃ 左右。

2. 结果与讨论

仅有外源 COD 条件下富集污泥的呼吸实验结果见图 9.12。可以看出，富集污泥在好氧条件下能够利用外源 COD 产生 OUR 响应，最大呼吸速率分别达到 $1.5mgO_2/(L \cdot min)$ 和 $1.2mgO_2/(L \cdot min)$。但是，相对而言，乙酸钠为基质时的 OUR 曲线分段明显且拖尾现象严重，这与一般异养菌对易降解基质的快速利用的 OUR 曲线特性有差异。通常情况下，乙酸盐为基质时，OUR 曲线表现为快速下降进入内源呼吸，不会出现非常明显的分段现象。除非是存在快速和慢速可生物降解物质，或者是有明显的胞内贮存行为存在的情况下。就本实验条件分析，富集污泥的胞内贮存行为很可能是主要原因，因为研究已经证实，无论是普通异养菌还是聚磷菌，都可在好氧条件下吸收外源有机物形成胞内聚合物，进而进一步氧化。这一实验现象表明，不管这种外源 COD 利用形成的 OUR 响应是来自富集污泥的普通异养菌还是聚磷菌的生物代谢能力，其存在都会影响基于 OUR 的聚磷菌好氧吸磷过程状态监测。

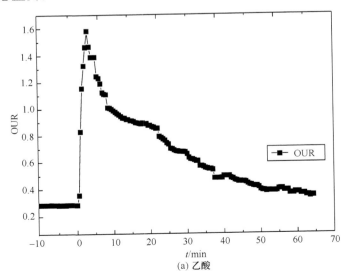

(a) 乙酸

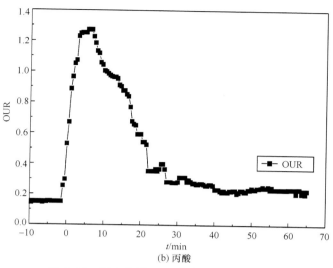

(b) 丙酸

图 9.12　仅有外源 COD 条件下的 OUR 响应

外源 COD 和磷酸盐条件下富集污泥的呼吸实验结果见图 9.13。结果显示，在完全好氧条件下，PO_4^{3-}-P 浓度会从 33.42mg/L 升高到 42.6mg/L，出现了好氧条件下的释磷行为。在此阶段，OUR 表现为快速下降的态势。一旦系统从释磷转入好氧吸磷，OUR 下降趋势发生变化，出现了明显的平台。这一现象与图 9.11 所表现的现象一致，又一次证明好氧吸磷行为对系统的氧利用有决定性影响。

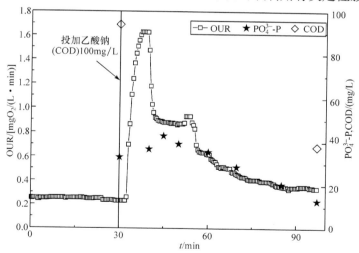

图 9.13　外源 COD 和磷酸盐条件下的 OUR 响应

因为厌氧区的存在会造成 EBPR 的复杂性和不易控制性，为了避免这一问题，有研究者把研究目光转而放在完全好氧除磷。已有研究成果表明完全好氧除磷会对已经稳定的 EBPR 产生很大的影响，除磷效果急剧下降，但并不会对微生物的种群结构产生影响[17]。同时有研究表明,以丙酸为唯一基质,在完全好氧条件下,能达到良好的除磷效果,并且利用 FISH 分析活性污泥内部聚磷菌比例达 72%[15]。

内、外源 COD 同时存在条件下富集污泥的呼吸实验结果见图 9.14～图 9.16。图 9.14 是在无外源 COD 时的 OUR 响应与 PO_4^{3-}-P 浓度变化,PO_4^{3-}-P 浓度由 58.36mg/L 降至 8.25mg/L,PO_4^{3-}-P 去除率为 85.8%,聚磷菌的生物吸磷行为在 90min 时基本结束。此过程的 OUR 曲线变化与 PO_4^{3-}-P 浓度变化曲线基本同步,

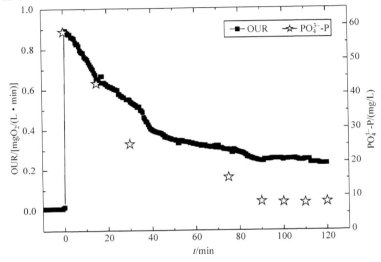

图 9.14　外源 COD 浓度为 0mg/L 下 OUR 与 PO_4^{3-}-P 变化曲线

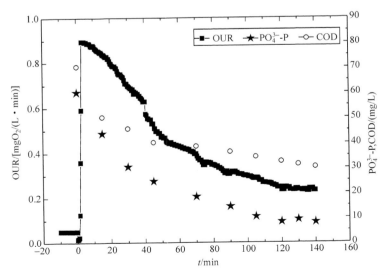

图 9.15　外源 COD 浓度为 80mg/L 下 OUR、PO_4^{3-}-P 与 COD 浓度变化曲线

而且在吸磷停止后 OUR 也进入内源呼吸状态。这种条件下 OUR 基本能够响应聚磷菌的吸磷,利用 OUR 能较准确地监测 PO_4^{3-}-P 吸收过程。

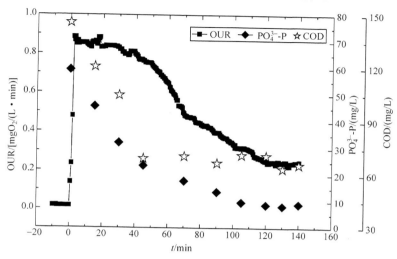

图 9.16　外源 COD 浓度为 150mg/L 下 OUR、PO_4^{3-}-P 与 COD 浓度变化曲线

图 9.15 和图 9.16 分别是在外源 COD 浓度为 80mg/L 和 150mg/L 时的 OUR 与 PO_4^{3-}-P 浓度变化,PO_4^{3-}-P 浓度分别由 60.23mg/L 降至 8.17mg/L 和由 59.34mg/L 降至 9.04mg/L,PO_4^{3-}-P 的去除率分别为 86.4% 和 84.8%,COD 浓度分别由 70.54mg/L 降至 30.45mg/L 和 145.36mg/L 降至 65.87mg/L,聚磷菌生物吸磷在 120min 时基本结束。图 9.15 和图 9.16 显示,外源 COD 的快速降解阶段的结束都早于磷酸盐的快速吸收阶段,致使到了后期,系统的 OUR 主要由吸磷过程内源 COD 的氧化贡献,因此,最终呼吸速率进入内源呼吸的转折点仍基本上与吸磷过程的结束相对应,意味着在本实验条件下,呼吸测量仍能够指示好氧吸磷过程的终点。

然而,对比三个实验结果也发现,外源 COD 的存在不会影响 PAOs 的吸磷总量,但是能影响 PAOs 的好氧吸磷速率,外源 COD 的存在会延长好氧吸磷结束时间,其原因是普通异养菌与 PAOs 争夺 O_2。随着外源 COD 浓度的增加,初始阶段的 OUR 也逐步趋向饱和状态,OUR 曲线的变化趋势与磷酸盐浓度的变化趋势越发分离。据此可以判断,当外源 COD 浓度足够高,或者其相对于胞内聚合物的量的比例足够大,很有可能出现外源 COD 好氧氧化形成的 OUR 曲线掩盖吸磷过程内源 COD 氧化形成的 OUR 曲线的现象,最终造成 OUR 监测不能指示好氧吸磷过程的状态。有关这种情况发生的阈值还需要进一步深入研究。

9.2.5 pH 冲击下吸磷过程 OUR 的响应

1. 实验方案

在反应器正常厌氧运行 2h 后,取污泥均分为 3 份,在氮气条件下分别淘洗 3~4次,去除残余的 COD 和 PO_4^{3-}-P,然后将污泥依次放入混合呼吸仪的曝气室内,投加 KH_2PO_4 溶液使曝气室的 PO_4^{3-}-P 浓度为 30mg/L 左右,分别在 pH 为 7~8、8.5~9.5 和 5.9~6.5 条件下进行好氧吸磷过程的呼吸测量,同时对 PO_4^{3-}-P 间隔取样分析。整个实验过程水温采用水浴控制在 20℃左右。

2. 结果与讨论

三种 pH 条件下好氧吸磷过程的 OUR 和磷酸盐浓度变化见图 9.17、图 9.18 和图 9.19。由图 9.17 可以看出,正常 pH 条件下,OUR 的最大值为 0.576mgO₂/ (L · min),OUR 在好氧反应运行 60min 后出现一个明显的转折点,之后 OUR 的变化比较缓慢。PO_4^{3-}-P 浓度的变化规律与 OUR 的曲线较为一致,PO_4^{3-}-P 的好氧吸收分为快速吸磷和慢速吸磷两个过程。好氧运行前 60min 为快速吸磷阶段,PO_4^{3-}-P 的浓度由 28.36mg/L 下降到 9.85mg/L,比吸收速率为 18.51mg/(L/h),在下一个小时内 PO_4^{3-}-P 浓度由 9.85mg/L 下降到 8.99mg/L,非常缓慢,整个过程 PO_4^{3-}-P 的去除率为 68.3%。同时发现,pH 的变化与磷酸盐的吸收和 OUR 的变化也很一致,在前 60min,pH 由 7.27 上升到 7.72,而 60~120min 期间 pH 由 7.72 上升到 7.92,变化速率在逐步降低。这一发现初步表明,pH 的测量也能够

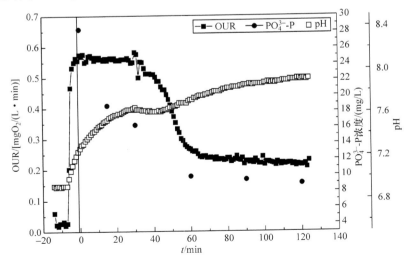

图 9.17　正常状态下 OUR、pH 与 PO_4^{3-}-P 浓度变化曲线

反映 PO_4^{3-}-P 的吸收过程,但是 pH 的变化没有 OUR 明显,主要是因为好氧反应过程中 pH 的影响因素很多,如 PO_4^{3-}-P 的吸收过程、C,P 的缓冲体系和 N_2 的吹脱等。

图 9.18 和图 9.19 为在 pH 分别为 8.5～9.5 和 5.9～6.5 两种冲击状态下,OUR、pH 和 PO_4^{3-}-P 的变化规律,OUR 的最大值分别为 0.468mgO_2/(L · min) 和 0.482mgO_2/(L · min),低于正常运行条件下的最大 OUR 值,PO_4^{3-}-P 浓度分别由

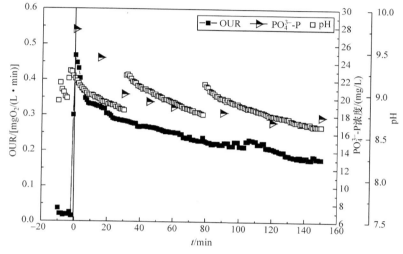

图 9.18　冲击状态下 OUR,pH 与 PO_4^{3-}-P 变化曲线(pH:8.5～9.5)

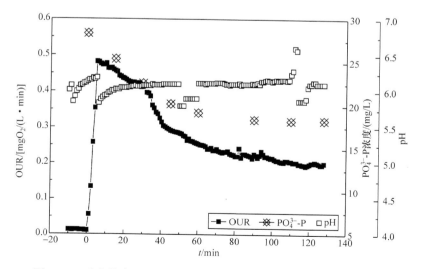

图 9.19　冲击状态下 OUR 与 PO_4^{3-}-P 浓度变化曲线(pH:5.9～6.5)

27.64mg/L 下降到 17.85mg/L，由 28.33mg/L 下降到 18.32mg/L，去除率降低至 35.4% 和 35.3%，可见 pH 会很大程度地抑制 PAOs 的好氧代谢。丁艳等研究发现 pH＝8±0.2 的除磷效果优于 pH＝7±0.2 的主要原因是，pH＝8±0.2 的条件下聚磷菌对聚磷的依赖程度更大[18]。还有研究者发现 pH 高于 7.5 时，PAOs 相较于 GAOs 为优势菌种[19]。

　　本研究实验结果表明，pH 对于 PAOs 代谢活性的影响直接表现在其呼吸特征的变化上。尽管 OUR 的变化曲线和 PO_4^{3-}-P 的变化规律和正常运行条件下一样有较好的响应。但是，冲击状态下 OUR 曲线的阶段特征渐趋模糊，表现出长期缓慢下降的拖尾形状，拐点已经不明显。pH 的变化趋势和正常运行状态下 pH 的变化趋势和变化大小不同，正常运行条件下 pH 呈上升状态，而在碱性冲击状态下 pH 呈下降状态，究其根本原因是 PAOs 的代谢活性降低会导致 PO_4^{3-}-P 的吸收速率缓慢，导致其他因素释放 H^+ 的数量大于好氧 PO_4^{3-}-P 吸收 H^+ 的数量，最终导致 pH 下降，在酸性冲击状态下，虽然没有 pH 下降，但是 pH 波动很小，表明好氧 PO_4^{3-}-P 吸收 H^+ 影响并不大。

9.3　呼吸-滴定测量用于生物除磷反应器的监测与控制

9.3.1　监测厌氧-好氧除磷反应器

　　对上述进行聚磷菌富集的稳定运行的 SBR 系统进行了在线 OUR 测量，同时测试磷酸盐浓度的变化，结果见图 9.20。

　　由图 9.20 可以看出，在正常富集条件下，SBR 反应器进入好氧段后，无论是以乙酸盐还是以丙酸盐为厌氧段开始时的有机基质，其 OUR 变化特征与磷酸盐

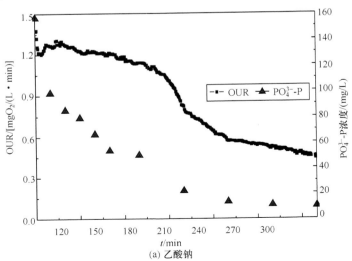

(a) 乙酸钠

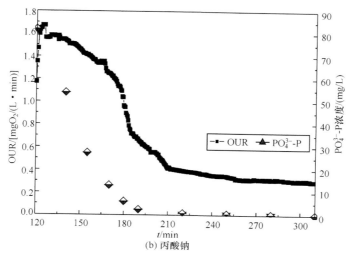

图 9.20　SBR 好氧段 OUR 与 PO_4^{3-}-P 浓度变化曲线

吸收速率的变化存在着对应关系:OUR 的快速下降进入较低水平对应着磷的吸收过程状态的明显变化;以丙酸盐为初始基质时这种对应关系更加明显,OUR 进入内源呼吸,吸磷过程基本停止且磷的浓度达到很低水平。而以乙酸盐为初始基质时,吸磷前期磷酸盐浓度快速降低,但 OUR 的变化速率相对较缓,后期吸磷基本停止,但 OUR 仍处于较高水平且下降趋势明显,在这种情况下依据 OUR 来判断吸磷状态就比较困难。

在 SBR 富集过程的运行条件下,厌氧段结束后外源 COD 是有剩余的,由于污泥中可能存在普通异养菌,甚至由于聚磷菌可能的外源 COD 利用能力,SBR 好氧段的 OUR 包括来自聚磷菌胞内聚合物的氧化和普通异养菌/聚磷菌的外源 COD 氧化两方面的贡献,实测得到的 OUR 曲线变化特征与吸磷过程状态的对应关系受到内、外源有机物含量及其相对关系、胞内聚合物含量和磷酸盐浓度的相对关系、污泥的微生物组成以及聚磷菌的外源 COD 利用能力等多种因素的影响。初步的呼吸测量实验结果也证实,尽管在特定的实验条件下,OUR 变化特征与吸磷行为存在某种对应关系,但乙酸盐为初始基质和丙酸盐为初始基质的实验除基质类型不同外,好氧段开始的初始磷酸盐浓度也明显不同(前者远高于后者)、外源 COD 浓度不同、磷酸盐和胞内聚合物的质量关系不同(前者的 PHAs 不足以完全吸磷),最终得出结果也有差异(后者的 OUR 与吸磷状态一致性更明显)。因此,这些初步实验还不能说明这些实验条件的影响,尚不能得到结论,需要开展进一步更为细致的实验研究。

Guisasola 等对一个已经稳定运行超过一年的具有生物除磷功能的 SBR 进行了呼吸测量和滴定测量[2]。当在厌氧初始阶段投加丙酸时 HPR 变成正数,因为

磷释放和 CO_2 吹脱导致的质子产生高于丙酸利用导致的质子消耗,需要投加碱溶液;然后,在 VFA 消耗完时 HPR 降到 0,直到厌氧阶段结束(图 9.21),表明在厌氧阶段 CO_2 净产生量很少。厌氧阶段碱的净投加量是 0.52mmol OH^-/gVSS,依据方程(9.4)和式(9.2),磷释放和丙酸吸收产生的 HP 分别是 -4.46mmolH^+ 和 3.68mmolH^+。因此,CO_2 净产生造成的 HP 是 2.60mmol H^+,这同 CO_2 净产生量 0.80mmolC/gVSS 相当(表 9.7)。

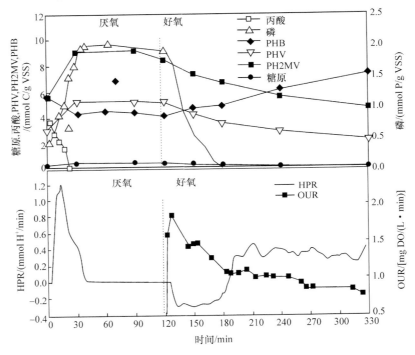

图 9.21　Guisasola 等对一个传统 EBPR-SBR 周期的监测结果[2]

上图为离线测量(丙酸、磷、糖原和 PHA)结果,下图为在线监测(HPR 和 OUR)结果

表 9.7　传统 EBPR 周期中各过程的 HP 计算结果

(丙酸、磷和微生物的初始浓度分别是 320mgHPr/L,20mgP/L 和 3.5gVSS/L)[2]

	过程	数值	HP/(mmolH$^+$)
厌氧阶段	P 吸收	3.64mmolC/gVSS	-4.46
	P 释放	1.5mmolP/gVSS	3.68
	净酸-碱投加量	0.52mmolOH$^-$/gVSS	1.82
	净 CO_2 产生量	0.8mmolC/gVSS	2.60
好氧阶段	P 吸收	2.01mmolP/gVSS	-4.49
	净酸-碱投加量	0.42mmolH$^+$/gVSS	-1.46
	净 CO_2 产生量	0.93mmolC/gVSS	3.28

当系统转为好氧状态时，HPR 降为约-0.3mmolH$^+$/min，由 CO$_2$ 吹脱和磷吸收造成的质子消耗高于好氧 CO$_2$ 产生造成的质子产生。当磷消耗完时较高的酸投加速率停止，然后，HPR 变成正数，表明从这一刻起，CO$_2$ 净产生是造成质子产生的主导过程。在磷耗竭点和 HPR 上升点，OUR 明显下降。

9.3.2　基于呼吸-滴定测量控制生物除磷反应器

依据废水生物除磷过程厌氧段 VFA 曲线和好氧段磷酸盐曲线上的底物消耗完毕时间点，控制厌氧段和好氧段长度分别同 VFA 和磷酸盐耗尽时间相一致，是传统的控制方法（分别称为 VFA 控制策略和 P 控制策略），能够有效缩短厌氧和好氧阶段历时，提高反应器效率。但是，VFA 和 P 的在线测量存在困难，离线测试数据采集频率较低、置信区间较宽、测量滞后时间长。

HPR 与 VFA 吸收过程密切相关。Guisasola[20] 特地进行了脉冲试验来评估厌氧阶段 VFA 同 HPR 之间的试验联系，研究结果表明，厌氧释磷阶段磷酸盐释放对 pH 的影响高于其他质子消耗过程，碱投加与 VFA 利用（以及 P 释放）有着清晰的联系，一旦这个过程停止（即丙酸消耗完毕），HPR 将再次回到负数（因为 CO$_2$ 吹脱）（见图 9.22）。HPR 可以作为指示厌氧系统中 VFA 消耗（和 P 释放）完毕的信号，可以应用 HPR 作为测量变量来控制厌氧段长度。

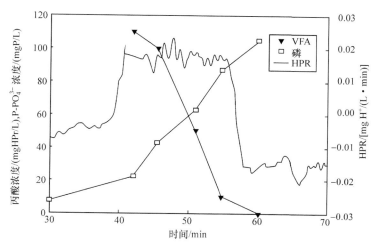

图 9.22　投加丙酸盐脉冲试验中 HPR、丙酸和磷酸浓度测量结果[20]

同样，好氧阶段 OUR 和磷酸盐浓度之间也存在明显的对应关系（图 9.23）。以 OUR 为信号对反应器进行运行控制，当 OUR 低于某个固定值时，终止好氧阶段，开始沉淀或者排泥阶段。模拟结果表明，OUR 控制策略提高了启动效率，

X_{PAN}/X_H 比值提高了 47%,然而,提高的程度低于 P 控制策略的获得的 90%。用 OUR 一阶导数可以提高 OUR 控制策略的有效性(图 9.24)。OUR 会随着磷的好氧吸收不断降低直到 P 消耗完后达到最小值,在这一点 dOUR 从负数变为正数,此时停止好氧阶段,开始沉淀或排泥阶段。模拟结果表明这种方法能够获得与 P 控制策略非常一致的控制效果。但该最小值在实验中不是总能被发现,导致这种控制策略不能保证总是有效。

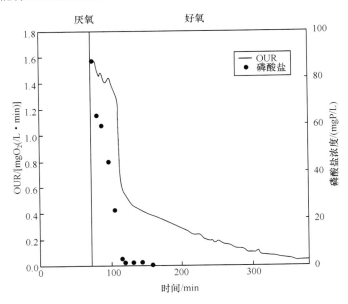

图 9.23 好氧脉冲试验中 OUR 和磷酸盐浓度测量图像[20]

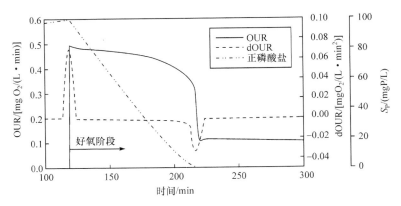

图 9.24 厌氧阶段的 OUR、dOUR 和正磷酸盐浓度的模拟结果[20]

9.3.3　厌氧-缺氧生物除磷过程的滴定测量

Varga 等[3]对厌氧-缺氧生物除磷反应器进行了滴定测量。图 9.25 是 DPAO 富集污泥 SBR 中一个典型的厌氧-缺氧周期,丙酸作为唯一的碳源,硝酸盐作为电子受体。在厌氧阶段初期,由于丙酸利用和 CO_2 吹脱导致的质子消耗高于因为磷酸释放和 CO_2 产生导致的质子产生;丙酸消耗完后,CO_2 吹脱成为 pH 的主导因素,需要继续投加酸;当磷酸完全释放后,净 CO_2 产生可以忽略,HP 几乎没有变化,直到缺氧阶段。在缺氧条件下,因为磷利用、硝酸盐和亚硝酸盐还原以及 CO_2 吹脱,HP 急剧下降;从硝酸盐消耗完毕后,所有子过程都停止,HP 几乎是个常数;硝酸盐还原是造成 HP 曲线的主导过程。

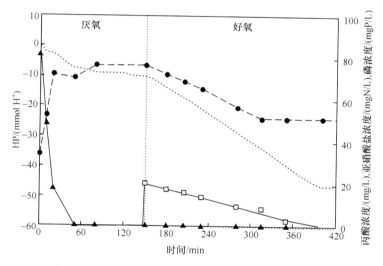

图 9.25　以硝酸盐作为电子受体的 SBR 厌氧-缺氧周期滴定测量结果(点线)[3]

▲丙酸;□硝酸盐;●磷;⋯HP;—基于 HP 测量的硝酸盐浓度估计值

硝酸盐存在是发生磷利用、糖原产生和 PAOs 生长的开关因子。应用 HP 测量可以预测硝酸盐利用速率 NO_3UR。NO_3UR 和 HPR 利用线性回归,试验中得到的值分别是 $-0.078 mgN/(L·min)$ 和 $0.142\ mmol\ H^+/min$。因此,NO_3UR/HPR 计算值为 $0.546\ mgN/(L·mmolH^+)$。NO_3UR/HPR 代表每投加单位氢离子所对应的硝酸盐浓度降低量。NO_3UR/HPR 比值在 pH、温度、氮气流量等条件一致的情况下可以认为是常数。在初始浓度已知的情况下,用下列方程可以估计任何时间的硝酸盐浓度。图 9.25 中也给出了用 HP 测量估计的硝酸盐浓度,结果显示估计浓度同试验浓度高度吻合。

$$c^t_{\text{N-NO}_3} = c^{t0}_{\text{N-NO}_3} + K_{\text{NO}_3\text{-HP}} \cdot (\text{HP}^{t0} - \text{HP}^t) \tag{9.15}$$

图 9.26 是以亚硝酸盐作为电子受体的厌氧-缺氧循环试验,滴定测量的 pH 控制在 7.5。在以亚硝酸盐为电子受体的生物除磷的厌氧阶段,主导过程是 VFA 吸收和 CO_2 吹脱,HP 是负数;丙酸消耗完后,由于 CO_2 吹脱导致更低的酸投加速率。当投加亚硝酸盐时 SBR 转为缺氧条件,HP 明显降低。磷浓度随亚硝酸盐浓度同时降低;在亚硝酸盐消耗完后 HP 保持不变,表明其他子过程的影响可以忽略。当投加第二个和第三个亚硝酸盐脉冲后,在线和离线测量图像和上面描述的一致。

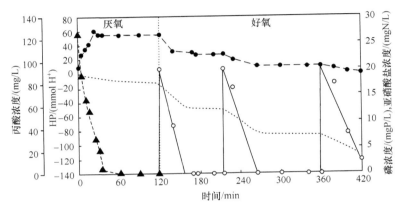

图 9.26   以亚硝酸盐作为电子受体的 SBR 厌氧-缺氧周期滴定测量 HP 结果[3]
▲丙酸;◇亚硝酸盐;●磷;…HP;—基于 HP 测量的亚硝酸盐浓度估计值

用 120～140min 内试验数据估计亚硝酸盐利用速率和 HPR(分别是 0.54 mgN/(L·min) 和 0.882mmol H^+/min),可得到一个常数比值 0.611mgN/(L·mmolH$^+$)。在投加脉冲初始浓度已知的情况下,亚硝酸盐浓度随时间变化被估计出来(图 9.26),估计浓度同试验浓度高度吻合。

滴定测量是厌氧阶段识别磷释放终点和碳源消耗点的有效工具,硝酸盐或亚硝酸盐消耗速率可以用前面试验中校核的氮利用速率与 HPR 的比值来估计。当 pH、温度、氮气通入流量等条件一致的情况下,该比值可以假设是常数。因此,只要知道氮浓度的初始值,就可以在线滴定估计它的过程浓度。对于在 DPAO 实验室 SBR 系统中实施新的控制策略,如在线调整周期长度、缺氧阶段硝酸盐和亚硝酸盐浓度的在线控制等,滴定测量是一种非常有潜力的在线测量工具。

9.4   研 究 展 望

废水生物除磷包括厌氧段和好氧段或缺氧段,这些过程中的物质转化和微生物活性都与 OUR 和/或 HPR 存在联系。因此,呼吸测量和滴定测量能够为废水生物除磷过程的研究和工艺运行监测与控制提供重要的信息。但是,目前的研究距离应用尚有非常大的差距,主要原因在于除生物除磷有关过程之外的诸多其他过程都会产生 OUR 信号或者 HPR 信号,这些信号的叠加给生物除磷过程信号的解析识别增加了难度。数学模拟可能是解析这些复杂 OUR 和 HPR 信号的可行办法。为此,需要进一步研究生物除磷过程所涉及的生物代谢过程模型、反应动力学模型、传质动力学模型、化学平衡与计量关系及其 OUR 和 HPR 响应关系与数学模型;好氧条件下,有机碳降解、硝化(两步或短程硝化)过程所涉及的生物化学反应方程、生物反应动力学模型及其与 OUR 和 HPR 的响应关系和数学模型以及缺氧条件下反硝化过程所涉及的生物化学反应方程、生物反应动力学模型以及 OUR 和 HPR 的响应关系和数学模型。利用这些数学模型,解析有机物好氧降解过程、硝化过程、反硝化过程的 OUR 或 HPR 可解析出生物除磷过程的 OUR 和 HPR 响应。

9.5　本 章 小 结

本章首先经过 60d 厌氧/好氧 SBR 系统成功富集了 PAOs,经分析确定污泥具有良好的除磷性能;通过实验,研究了不同条件下 PAOs 的好氧呼吸特性,建立了外部影响因子-聚磷菌内部物质转化—OUR 的响应规律;最后,建立了好氧吸磷过程的 OUR 模型,根据 OUR 数据对好氧吸磷过程的相关参数进行估计。得到的主要结论如下:

(1) 在厌氧/好氧 SBR 反应器内,以 1 倍污泥龄交替改变碳源(乙酸钠/丙酸钠),60d 后出水 PO_4^{3-}-P 的浓度在 1.2mg/L 以下。富集污泥以乙酸盐和丙酸盐为基质厌氧过程的 PO_4^{3-}-P/VFA、PHA/VFA、比释磷速率和比 PHA 合成速率分别为 0.65mmolP/mmolC 和 0.4mmolP/mmolC、1.25mmolC/mmolC 和 1.2mmolC/mmolC、为 0.98mmolP/gVSS/h 和 0.39mmolP/gVSS/h、1.91mmolC/gVSS/h 和 1.17mmolC/gVSS/h;对应的好氧过程的 PO_4^{3-}-P/PHA、比吸磷速率和比 PHA 降解速率分别为 0.73mmolP/mmolC 和 0.51mmolP/mmolC、0.74mmolP/gVSS/h 和 0.41mmol P/gVSS/h、1.01mmolC/gVSS/h 和 0.7mmolC/gVSS/h。上述特征参数与文献报道结果接近,证明按照本研究的富集策略能够有效富集聚磷菌。

(2) 利用已经富集好的 PAOs,研究不同 COD 浓度、碳源类型、pH 条件下,聚磷菌内部指标变化与 OUR 的响应规律。

① 在没有外源 COD 的条件下,好氧吸磷过程状态的变化(吸磷速率变化、PHA 氧化速率变化)与 OUR 曲线的变化特征存在明显的对应关系,可以通过 OUR 的测量监测好氧吸磷过程的运行状态。

② 在只有 PHA 存在无外源 COD 的条件下,基于 OUR 估计的 PHB 含量与

实测值的相对误差为 7.9%～18.61%,基于 OUR 估计的 PHV＋PH2MV 含量与实测值的相对误差为 11.28%～21.82%,误差的波动范围不大,基于 OUR 估计的 PHA 的含量均低于实测量。结果表明,相对于目前 PHA 测量方法的复杂程度和准确程度,通过呼吸测量对吸磷过程的 PHA 的消耗情况进行软测量是可行的。

③ 在没有磷酸盐吸收的情况下,聚磷菌胞内聚合物也会好氧氧化形成 OUR 响应;但是,吸磷过程的存在会明显增加 PHA 的氧化速率,改变反应器的氧利用特征,产生明显不同的 OUR 曲线。

④ 好氧段外源 COD 的存在不会影响 PAOs 的去除率,但是会延长 PAOs 的好氧吸磷结束时间,同时呼吸测量仍能够指示好氧吸磷过程的终点。但是,随着外源 COD 浓度的增加,初始阶段的 OUR 逐步趋向饱和状态,OUR 曲线的变化趋势与磷酸盐浓度的变化趋势越发分离。因此,当外源 COD 浓度足够高时,外源 COD 的 OUR 曲线可能掩盖吸磷过程内源 COD 氧化形成的 OUR 曲线,OUR 监测可能不能指示好氧吸磷过程状态。

⑤ 外部影响因素 pH 的改变会影响聚磷菌的代谢活性,影响聚磷菌好氧过程吸收 PO_4^{3-}-P,抑制代谢过程可以表征在 OUR 的最大值以及曲线特征,可以建立外部影响因素-聚磷菌内部指标的转化-OUR 的预警系统。pH 变化曲线也能响应出 PO_4^{3-}-P 好氧吸磷特性,但是并不如 OUR 那么明显。

(3)呼吸测量和滴定测量允许在废水生物除磷 SBR 系统中实施新的控制测量,如在线调整周期长度、缺氧阶段硝酸盐和亚硝酸盐浓度的在线估计等。

参 考 文 献

[1] 王磊. 废水生物除磷过程的 OUR 相应特征 [D]. 重庆:重庆大学,2013.

[2] Guisasola A, Vargas M, Marcelino M, et al. On-line monitoring of the enhanced biological phosphorus removal processes using respirometry and titrimetry [J]. Biochemical Engineering Journal,2007,35(3):371-379.

[3] Vargas M, Guisasola A, Lafuente J, et al. On-line titrimetric monitoring of anaerobic-anoxic EBPR processes [J]. Water Science and Technology,2008,57(8):1149-1154.

[4] Oehmen A, Keller-Lehmann B, Zeng R J, et al. Optimisation of poly-b-hydroxyalkanoate analysis using gas chromatography for enhanced biological phosphorus removal systems [J]. Journal of Chromatography A,2005,1070(1-2):131-136.

[5] 由阳,彭永臻,王淑莹等. 强化生物除磷系统胞内聚合物测定方法优化 [J]. 哈尔滨工业大学学报,2010,42(2):207-211.

[6] Lu H, Oehmen A, Virdis B, et al. Obtaining highly enriched cultures of Candidatus Accumulibacter phosphates through alternating carbon sources [J]. Water Research,2006,40(20): 3838-3848.

[7] Oehmen A, Saundersa A M, Vives M T, et al. Competition between polyphosphate and glycogen accumulating organisms in enhanced biological phosphorus removal systems with acetate

and propionate as carbon sources [J]. Journal of Biotechnology,2006,123:22-32.

[8] 吉芳英,杨勇光,万小军,等. 碳源种类对反硝化除磷系统运行状态的影响 [J]. 中国给水排水,2010,26(15):5-9.

[9] Oehmen A,Zeng R J,Saunders A M,et al. Anaerobic and aerobic metabolism of glycogen accumulating organisms selected with propionate as the sole carbon source [J]. Microbiology,2006,152(9):2767-2778.

[10] Filipe C D M,Daigger G T,Grady C P L. Stoichiometry and kinetics of acetate uptake under anaerobic conditions by an enriched culture of phosphorus-accumulating organisms at different pHs [J]. Biotechnology and Bioengineering,2001,76(1):32-43.

[11] Smolders G J F,Vandermeij J,Vanloosdrecht M C M,et al. Model of the anaerobic metabolism of the biological phosphorus removal process-stoichiometry and ph influence [J]. Biotechnology and Bioengineering,1994,43 (6):461-470.

[12] Hesselmann R P X,von Rummell R,Resnick SM,et al. Anaerobic metabolism of bacteria performing enhanced biological phosphate removal [J]. Water Research, 2000, 34 (14):3487-3494.

[13] Satoh H, Mino T, Matsuo T. Uptake of organic substrate and accumulation of poly-hydroxyalkanoates linked with glycolysis of intracellular carbohydrates under anaerobic conditions in the biological excess phosphate removal processes [J]. Water Science and Technology,1992,26 (5-6):933-942.

[14] Vargas M,Guisasola A,Artigues A, et al. Comparison of a nitrite-based anaerobic-anoxic EBPR system with propionate or acetate as electron donors [J]. Process Biochemistry,2011,46(3):714-720.

[15] Vargas M,Casas C. Maintenance of phosphorus removal in an EBPR system under permanent aerobic conditions using propionate [J]. Biotechnology,2009,43:288-296.

[16] Chen Y G,Chen Y S,Xu Q,et al. Comparison between acclimated and unacclimated biomass affecting anaerobic-aerobic transformations in the biological removal of phosphorus [J]. Process Biochemistry,2005,40:723-732.

[17] Pijuan M,Guisasola A,Baeza J A, et al. Lafuente,Net P-removaldeterioration in enriched PAO sludge subjected to permanent aerobic conditions [J]. Journal of Biotechnology,2006,123(1):117-126.

[18] 丁艳,王冬波,李小明,等. pH 值对 SBR 单级好氧生物除磷的影响 [J]. 中国环境科学,2010,30(3):333-338.

[19] Chen Y,Gu G. Effect of changes of pH on the anaerobic/aerobic transformations of biological phosphorus removal in wastewater fed with a mixture of propionic and acetic acids [J]. Journal of Chemical Technology and Biotechnology,2006,81:1021-1028.

[20] Guisasola A. Modelling biological organic matter and nutrient removal processes from wastewater using respirometric and titrimetric techniques [D]. Thesis Barcelona:University Autonoma de Barcelona,2005.